中国高等教育"十三五"规划教材

中文版 Maya

李梁 / 编著

模型案例高级教程

 中国青年出版社
CHINA YOUTH PRESS 中青雄狮

图书在版编目（CIP）数据

中文版Maya模型案例高级教程 / 李梁编著.

— 北京：中国青年出版社，2016.10

ISBN 978-7-5153-4413-3

I.①中⋯ II.①李⋯ III.①三维动画软件−教材

IV. ①TP391.41

中国版本图书馆CIP数据核字（2016）第182700号

中文版Maya模型案例高级教程

李梁 编著

出版发行：	中国青年出版社
地　　址：	北京市东四十二条21号
邮政编码：	100708
电　　话：	（010）50856188 / 50856199
传　　真：	（010）50856111
企　　划：	北京中青雄狮数码传媒科技有限公司
策划编辑：	张　鹏
责任编辑：	张　军
封面制作：	吴艳蜂
印　　刷：	天津融正印刷有限公司
开　　本：	787×1092　1/16
印　　张：	12
版　　次：	2016 年 10 月北京第 1 版
印　　次：	2020 年 9 月第 3 次印刷
书　　号：	ISBN 978-7-5153-4413-3
定　　价：	49.90元（网盘下载内容含语音视频教学与案例素材文件）

本书如有印装质量等问题，请与本社联系　电话：（010）50856188 / 50856199

读者来信：reader@cypmedia.com

如有其他问题请访问我们的网站：http://www.cypmedia.com.cn

编委会

顾问团

（排名不分先后）

邓江洪	黄淮学院动画学院副院长
范　欣	四川文化产业职业学院影视学院院长
郭　昊	安阳师范学院美术学院副院长
顾群业	山东工艺美术学院数字艺术与传媒学院院长
胡明生	郑州师范学院软件学院院长
胡中艳	郑州航空管理学院艺术设计学院院长
焦素娥	信阳师范学院传媒学院院长
李敬华	山东临沂大学美术学院书记
龙向真	江苏淮海工学院艺术学院副院长
李　一	安阳工学院艺术设计学院院长
李政伦	西北大学艺术学院团委书记
马　忠	许昌学院美术学院书记
孟祥增	山东师范大学传媒学院院长
曲振国	山东潍坊学院教育学院院长
宋荣欣	洛阳理工学院艺术设计学院院长
苏　玉	中州大学信息工程学院院长
杨　明	安徽电子信息职业技术学院软件学院副院长
赵　磊	山东理工大学计算机科学与技术学院院长
赵晓春	青岛农业大学动漫与传媒学院院长
张瑞瑞	武昌理工学院艺术设计学院院长

动画产业的发展离不开人才的培养与技术的创新，在动画产业飞速发展的今天，国内动画技术也走向了一个大发展的新时期。

Maya是一个强大的三维动画图形图像软件，它几乎提供了三维创作中要用到的所有工具，能创作出任何想象的造型、特技效果等现实中无法完成的工程，小到显微镜下才能看到的细胞，大到整个宇宙空间、超时空环境，它都可以办到。

在近期播放的动画大片《功夫熊猫3》、《捉妖记》、《大圣归来》等动画影片，都采用了Maya软件来制作。

在动画制作中，建模是基础。没有模型的建立，就没有后续的动画、材质渲染、动力学、布料、毛发的使用。一个好的地基能盖起一座坚固的高楼，同样，一个好的模型能够为体现材质的逼真细腻、动画的合理流畅奠定基础。

三维动画技术在国内的发展日臻成熟，运用范围也不断扩大。为了培育专业人才，各种培训机构、高等院校也都争相开设了相关的专业课程。不过由于许多院校的Maya专业课程设置的不合理，学习内容跟实际严重脱节，而社会上的培训机构也只教如何使用软件。这让很多的初学者会觉得难以融汇贯通，无法达到学以致用的目的。

为了让大家能更有效、系统、科学地学习，也为了在编写方面力求尽善尽美，完美动力集团集合多位来自行业一线制作团队的资深教师，根据丰富的制作经验和多年积累的实际案例，将商业项目制作过程中需要的技术和项目经验结合来推出本系列图书。

本套图书按照动画片的生产流程分为模型篇、材质灯光篇、设置动画篇、渲染合成篇、特效篇。本系列图书结合经典案例深入浅出地讲解了Maya各个模块的内容，以帮助动画初学者和CG爱好者轻松学会动画制作的各项技能，争取早日进入动画制作产业的大门。

由于作者水平有限，加之创作时间仓促，本书不足之处在所难免，欢迎广大读者与同仁不吝批评指正。

编者

CONTENTS
目　录

斧子模型

室内场景模型

室外场景模型

卡通男孩角色模型

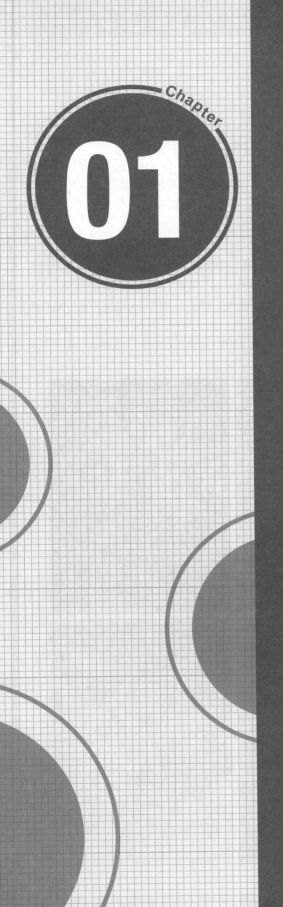

01

模型模块简介

本章知识点

在这一章中，我们将了解并学习与模型相关的要素，介绍模型模块制作的相关流程。在深入了解模型模块之前，让读者对其有基本了解，为后续的深入学习打好基础。

CG技术在视觉传达方面已经深入到生活的方方面面，电影、电视、游戏、广告等等都大量的采用CG技术。随着技术的发展，电影中虚拟的数字角色、梦幻般的场景越来越真假难辨，这也给电影带来了更强的艺术张力和生命力。

在电影大屏幕上，从《超能查派》的查派虚拟角色到《末日崩塌》的特效模拟，再到《疯狂动物城》等全三维CG电影，以及次时代游戏制作，都把CG技术与艺术糅合得淋漓尽致。

本书将深入浅出地讲解模型模块制作的基本流程，以及多种工具配合使用制作模型的思路和操作方法。

1.1 与模型相关的要素

在了解模型制作之前，要先学习一下与之相关的要素。

1.1.1 传播介质

当制作一个商业项目之前，需要知道制作的项目在什么设备上呈现出来，是在电视上、电影院、网页上还是杂志上等。因为每一种宣传媒体都有各自的标准和限制。

电视

电视传媒有着较长的历史，但是电视的色彩空间只限于几种特定的调和色彩，人们利用计算机绘出的数百万种色彩在被转化为电视作品时并不能完全地再现，在国内一般保证所用色彩符合PAL制式要求即可。另外，现在超高清电视（UHDTV）已经慢慢占了主流，它的分辨率高达3840×2160像素，色彩显示比现行的高清电视（HDTV）更丰富。对于老式电视，诸如扫描线、颜色等都可以不考虑，只是尺寸要求在制作纹理贴图时，尺寸更大，细节更多。同时对计算机硬件的要求也相应地提高了很多，否则是无法完成这种高质量的画面效果。

例如，完美动力教育集团在电视剧的制作尺寸上都是按照上述的原则和要求去做的，所呈现的效果也是让人眼前一亮，如图所示。

CG电影

CG电影是指影片本身在真实场景中拍摄并由真人表演为主，但穿插应用大量虚拟场景及特效的影片。通常的手法是在传统电影中应用CG技术增加虚拟场景、角色、事物、特效等对象，以达到真假难辨、增强视觉效果的目的。CG电影中所有的视觉产物（场景、角色、物品、特效等等）全部由计算机生成的CG动画或CG图片所构成。但其视觉效果全然区别于传统的2D动画片。

无论是《阿甘正传》片头中羽毛徐徐飘落镜头的婉约，还是《末日崩塌》中地震场景和灾难破获营造出真实的浩大场景，CG的运用均可称为画龙点睛的神来之笔。例如《疯狂动物城》、《动脑特工队》、《大圣归来》等动画电影。CG电影的制作，在给观众带来视觉享受的同时，也有它自己存在的问题。比如电影的画面渲染尺寸，材质的制作等，要求画面必须非常漂亮、细致。设计师们可以通过这种有挑战的项目，来提高自己的能力。完美动力教育集团在2014年参与制作的电影《冰封侠》中好评如潮，其渲染尺寸大，制作质量高给观众带来了震撼的视觉冲击。

网页

除了电影、电视的项目外，还有放在网络上播放的视频作品或网页背景图等，为了使浏览网页速度通畅，网页中经常使用的图像格式有GIF、JPEG、PNG等。譬如GIF格式，就不适合表现具有连续色调变化和图形很大的图片，也不适合表现色彩丰富的图片。如果制作一张重要的网页图像，建议最好选择专业的软件来观察效果，或者放在不同的机器上，用不同的浏览器来观察效果，看看其颜色深度的不同之处并加以调整，最终得到或接近想要的效果。读者可以参考完美动力的教育网站，其中各类的模块图片、教学视频作品、网页的背景图等，都是严格按照要求进行制作的，也达到了很好的效果，如图所示。

游戏

现在，游戏已经是重要的传播媒介了，成千上万的宅男宅女成为游戏传媒的忠实粉丝，游戏可以满足游戏者内心的愉悦感和成就感。比尔盖茨曾经预言游戏传媒一定会超过计算机，果不其然，现在新兴的游戏传媒发展迅猛，难以阻挡。

随着时代进步，从简单的色块堆砌而成的画面到数百万多边形组成的精细人物，游戏正展示给我们越来越真实且广阔的世界，对于近几年才接触游戏的玩家来说，或许想象不出十多年前的3D游戏是多么得简陋。这几年游戏质量也有质的飞越，模型面数和贴图的大小都有很大进步，10年前的贴图基本都是512×512像素的，现在一般的游戏贴图都可以是2048×2048像素了。比如，完美动力教育集团参与制作的游戏《天龙八部》就很具有代表性，不管是显示效果，还是人物、模型、场景、道具的质量，都达到了精致绝伦的效果，开头的CG动画制作更是让众多玩家赞叹不已，如图所示。

1.1.2 三维动画生产流程

三维动画是近年来随着计算机软硬件技术发展而产生的一新兴技术，通过三维动画软件，在计算机中能建立一个虚拟的世界。

设计师在这个虚拟的三维世界中按照要表现对象的形状尺寸建立模型以及场景，再根据要求设定模型的运动轨迹、虚拟摄相机的运动和其他动画参数，最后按要求为模型赋上特定的材质，并打上灯光。当这一切完成后就可以让计算机自动运算，生成最后的画面。

三维动画制作是一件艺术和技术紧密结合的工作。在制作过程中，一方面要在技术上充分实现广告创意的要求，另一方面，还要在画面色调、构图、明暗、镜头设计组接、节奏把握等方面进行艺术的再创造。

与平面设计相比，三维动画多了时间和空间的概念，它需要借鉴平面设计的一些法则，但更多是要按影视艺术的规律来进行创作。

三维动画的制作流程，基本分三个部分：前期创意和剧本、中期制作、后期配音和合成，如图所示。

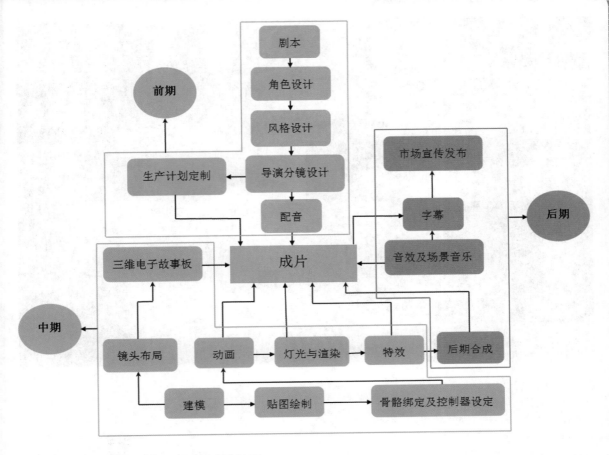

下面就通过一个案例来了解这个制作流程。

前期部分

01 首先要有剧本，就和拍电影是一样的，有了剧本才可以制作出影片，剧本需要交代故事发生的时间、地点、人物等信息，如图所示。

剧本

木乃伊
埃及，神秘的国度。

传说，古埃及有本[死亡之书]（Book of the Dead），书是用人皮与鲜血制成，里面记载了能够召唤远古恶魔的邪恶咒语，获得这本书的人就可以拥有主宰世界的力量。很久以来，无数人为了得到这本书宁可放弃自己的生命。巨大的古埃及石像耸立在两侧，埃及石像的中间是一座巨大的石门，门的左右两侧站着两个奇特的守卫，他们手里都拿着怪异的兵器，防止着外人的进入。

突然，一个身影出现在守卫面前，一只巨大的机械手臂将左侧的守卫抓住，还没有等这个守卫有太多的挣扎，手臂就直接将其甩到了右侧，将右侧的守卫击倒。机械手臂向后回缩，这时候才看清，原来机械手臂是从一个怪异少年背后的机械箱中发来的，机械手臂很好的回缩到机械箱中。这个怪异的少年身手了得，从整体装备看来他显然是盗墓老手，他戴着一顶长长的帽子，我们暂且称他为R。巨大的石门缓慢的向上开启，前面是一条向下延伸的楼梯，R纵身进入。顺着蜿蜒的楼梯前行，来到楼梯的尽头，下面是高大走廊，走廊的两侧是石壁，几座巨型石像分别安放在石壁两侧，每两个石像的中间都有一个巨大的火盆，火焰在火盆中熊熊燃烧，走廊的前面又是一座巨型石门，石门的右侧有个奇特的门锁，形状为古埃及圣甲虫的样子。R走到石门前，包中的机械手臂伸了出来，在机械手臂中拿着一奇特形状的五星物体，手臂将五星物体插入到石门旁边的锁孔中，向右一转，圣甲虫的背部翅膀突然张开，这时候黑暗中突然飞出许多暗器向R射来，R一个后翻身，暗器全部深深的射入石门中。当R落地后，门缓缓的向左右两边开启。

在门开启后，一座宏伟的大厅呈现在眼前，大厅的中央有一座神台，台子的上面放着一本书，这就是传说中的[死亡之书]，在台子的周围有很多特别的棺木，整齐的摆放在两边。R走到神台前，伸出手来想把神台上的死亡之书取下，突然，其中一个棺木开启，里面跳出一个巨大的木乃伊，手中拿着奇特的兵器直接劈向R，R一下跳开，手里多了一把刀。两人开始对战（这部分在故事板和Layout中详细体现）R最后将木乃伊打倒。在他刚松开了一口气的时候，背后出现了一个巨大的生物。· · · · ·书滑落在地。

02 其次，根据剧本需要找一些参考图和影片的风格图，参考图的收集需要多方面寻找，一般多采用网络搜索和现场实拍等方法，如图所示。

03 二维设计部门根据剧本的要求和参考图，设计出场景的设计图、角色的设计稿等故事发生所必须的内容。这个过程需要反复地修改以达到客户、导演的需求，如图所示。

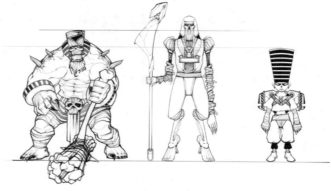

04 根据剧本来绘制分镜头，这个部分相当于故事预演，所不同的是这里通过二维的绘制稿来体现剧本的内容，如图所示。

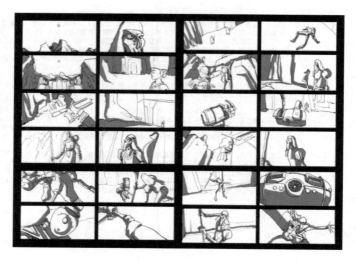

中期部分

中期制作主要是Maya制作部分了，即根据二维部门的设计图纸来进行的制作。

01 模型制作是三维制作中的第一个部分，结构要准确，布线要合理，如图所示。

02 材质部分，就是给模型添上最基本的颜色纹理和质感，如图所示。

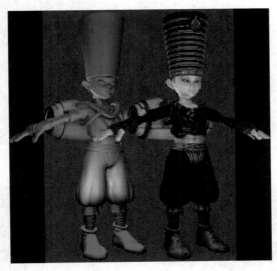

03 绑定就是给角色添加骨骼，让角色具备动起来的条件，如图所示。

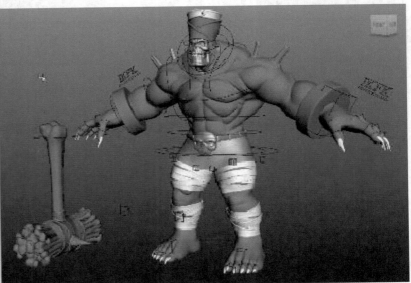

04 动画是最有表现力的部分，一个优秀的动画师需要了解动画规律并具有表演天分，这样才能把角色做得有灵气，一般是通过先拍摄参考视频，然后根据参考视频制作动画，如图所示。

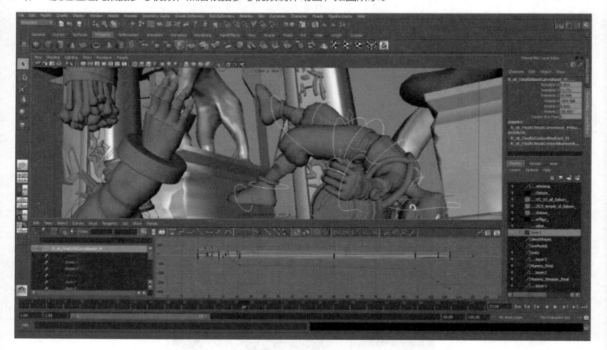

05 灯光是烘托和渲染气氛的有力手段，会根据故事的情节而变化，如图所示。

后期部分

后期制作包括配乐、添加字幕、出版、宣传等，一般都由其他部门来完成。

1.2 关于本书与Maya

　　本书主要介绍运用Maya软件制作三维模型。Maya是美国Autodesk公司出品的世界顶级三维动画软件，主要运用于专业的影视广告、角色动画、电影特技等。Maya的模型制作尤其成熟，世界上过半的一流动画电影制作都使用了Maya的模型模块。模型制作的示例如图所示。

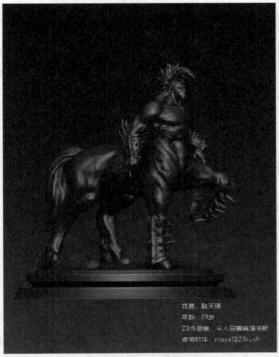

姓名：赵天禄
年龄：23岁
ZB作品名：半人马塞瑞翁老斯
使用软件：maya及ZBrush

姓名：赵天禄
年龄：23岁
雕塑作品名：普拉东抢劫珀耳塞福涅
使用软件：maya

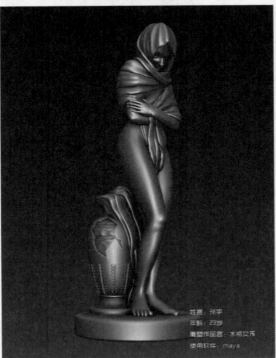

姓名：孙宇
年龄：23岁
雕塑作品名：水瓶艾莎
使用软件：maya

姓名：陆雨艾
年龄：16岁
ZB作品名：半兽人
使用软件：maya及ZBrush

Maya模型基础命令

本章知识点

制作模型之前，我们需要了解Maya的一些常用的基础命令和相关知识。本章将学习Maya软件中关于多边形模型的网格、选择、法线等基础知识。掌握好这些基础知识，在制作模型过程中能够达到事半功倍的效果。

2.1 编辑网格（Edit Mesh）

在这一节中我们将介绍Maya中编辑网格（Edit Mesh）所包含的命令及相应的功能。

2.1.1 添加分段（Add Divisions）

添加分段（Add Divisions）命令所在位置如图所示。

1. 添加分段（Add Divisions）功能

在多边形上的选择区域内添加分段，下图为选择该命令后的效果。

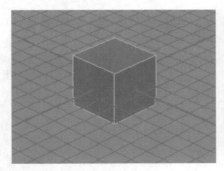
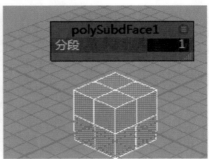

添加分段命令和平滑（Smooth）命令的不同之处在于此添加分段命令虽然能添加线段及面数，但不会改变物体的外形。

2. 实例操作

01 在Maya中，切换到建模（Modeling）模块，如图所示。

02 选择多边形，如图所示。

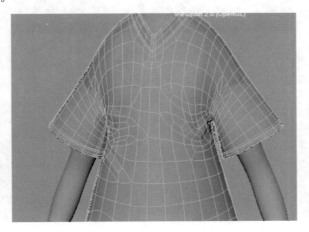

03 按【F9】键，切换为点选择方式，如图所示。

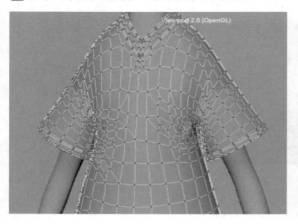

04 选择局部点，如图所示。

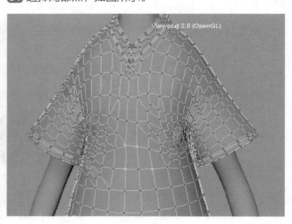

05 执行编辑网格（Edit Mesh）>添加分段（Add Divisions）命令，如图所示。

06 此时选择的区域自动将线周围的面分割成新的面，如图所示。

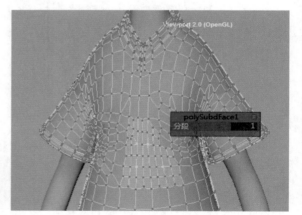

2.1.2 倒角（Bevel）

倒角（Bevel）命令所在位置如图所示。

1. 倒角（Bevel）功能

平滑细分多边形的边或顶点，下图为选择该命令后的效果。

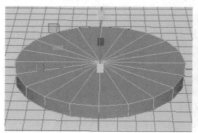
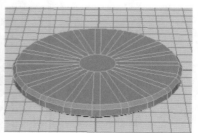

2. 倒角（Bevel）参数

单击主菜单中的编辑网格（Edit Mesh）>倒角（Bevel）图标，打开"倒角选项"对话框，如图所示。

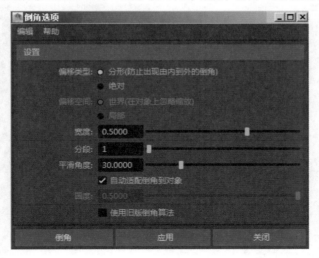

【属性说明】

- 偏移类型（Offset type）：
  - ➤ 分形（Fractional）：选择此单选按钮后，新的倒角边将小于周围最短的边。
  - ➤ 绝对（Absolute）：选择此单选按钮后，新的倒角边宽度将不会受限制，有可能会大于周围的边。
- 偏移空间（Offset space）：
  - ➤ 世界（World）：按照世界坐标空间处理倒角，忽略物体的自身位置。
  - ➤ 局部（Local）：按照局部坐标空间处理倒角，计算物体的自身位置。
- 宽度（Width）：倒角的宽度设置，数值越大，宽度越大。
- 分段（Segments）：倒角的段数设置，数值越大，段数越多。
- 平滑角度（Smoothing angle）：使用该选项可以指定进行着色时，倒角边是硬边还是软边。
- 自动适配倒角到对象（Automatically fit bevel to object）：勾选此复选框后，Maya将自动处理当前选择边的倒角圆滑度。
- 圆度（Roundness）：设定倒角的圆滑度，数值越大，倒角越平滑。

3. 实例操作

01 在Maya中，切换到建模（Modeling）模块，选择多边形，如图所示。

02 按【F10】键，切换为线选择方式，如图所示。

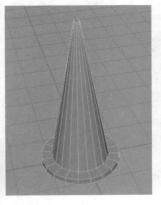

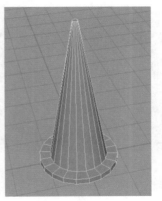

03 选择局部的线，如图所示。

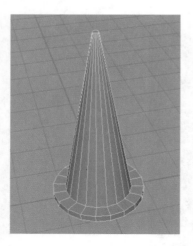

04 执行编辑网格（Edit Mesh）>倒角（Bevel）命令，模型效果如图所示。

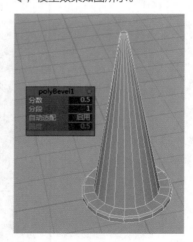

2.1.3 挤出（Extrude）

挤出（Extrude）命令所在位置如图所示。

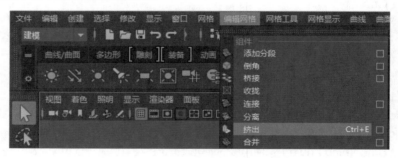

挤出（Extrude）功能

在多边形上选择要挤出的面（或点、线），挤出新的面（或点、线），面挤出方式、点挤出方式和线挤出方式的效果，如图所示。

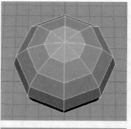
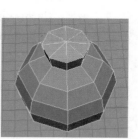
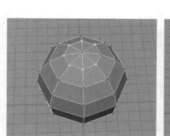
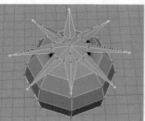
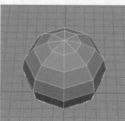
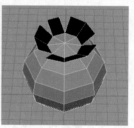

2.1.4 合并（Merge）

合并（Merge）命令所在位置如图所示。

1. 合并（Merge）功能

合并多边形上的选择点，选择该命令后的效果，如图所示。

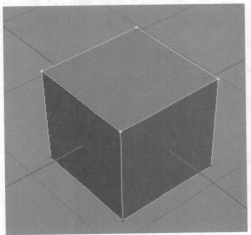 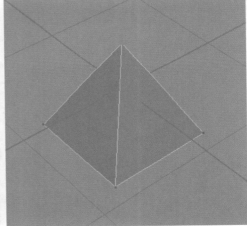

2. 合并（Merge）参数

单击主菜单中的编辑网格（Edit Mesh）>合并（Merge）☐图标，打开"合并顶点选项"对话框，如图所示。

【参数说明】

● **阈值（Threshold）**：设定合并的两点间的距离，在设定距离内所选择的点将被合并。

● **始终为两个顶点合并（Always merge for two vertices）**：勾选此复选框后，将不顾Threshold（距离限制）限制，直接合并所选择的点；否则，将按 Threshold（距离限制）的距离设置进行合并。

3. 实例操作

01 在Maya中，切换到建模（Modeling）模块，选择多边形，如图所示。

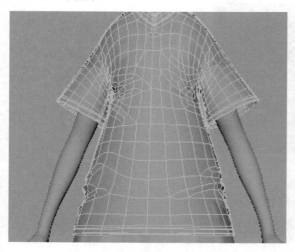

02 按【F9】键，切换为点选择方式，如图所示。

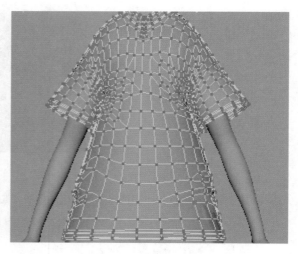

03 选择局部的点，如图所示。

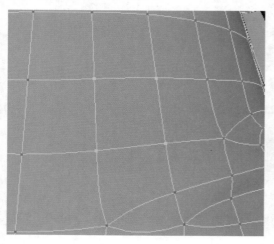

04 执行编辑网格（Edit Mesh）>合并（Merge）命令，如图所示。

05 自动合并所选择的点，如图所示。

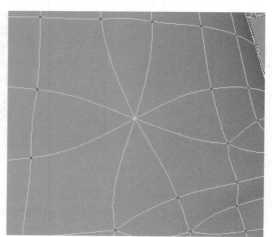

2.1.5 复制（Duplicate）

复制（Duplicate）命令所在位置，如图所示。

1. 复制（Duplicate）功能

复制功能用于复制多边形上的一个选择面，并且分离成一个新物体，复制（Duplicate）命令复制出面后原物体并不会发生任何变化。

选择复制命令后的效果如图所示。

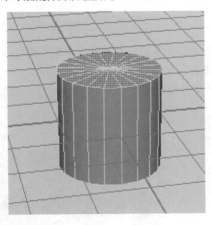 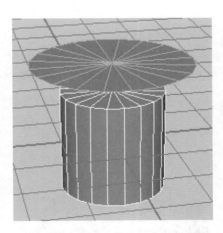

2. 复制面（Duplicate Face）参数

单击主菜单中的行编辑网格（Edit Mesh）>复制（Duplicate）图标，打开"复制面选项"对话框，如图所示。

【参数说明】

- **分离复制的面（Separate duplicated faces）**：勾选此复选框后，复制出的面将以物体方式分离；不勾选此复选框，则复制出的面将以面选择方式分离。
- **偏移（Offset）**：设置复制出的面向内或向外偏移的大小。

2.1.6 提取（Extract）

提取（Extract）命令所在位置如图所示。

1. 提取（Extract）功能

提取功能用于从原多边形上取出部分面，使之成为独立的多边形，此命令取出的面可形成单独的多边形，但原多边形上的这部分面将不再存在。应用提取命令进行提取前后的效果图如图所示。

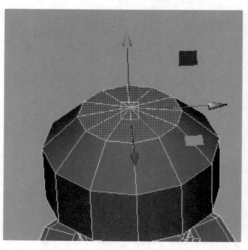

2. 提取（Extract）参数

单击主菜单中的网格（Mesh）>提取（Extract）图标，打开"提取选项"对话框，如图所示。

【参数说明】

- 分离提取的面（Separate extracted Faces）：勾选此复选框后，摘取的面处于物体选择模式；不勾选此复选框，摘取的面处于面选择模式。
- 偏移（Offset）：数值为零时，摘取出的物体保持原形状大小；数值为负值时，摘取出的物体将比原形状大；数值为正值时，摘取出的物体将比原形状小。

2.2 选择工具（Select）

选择工具在实际建模操作过程中会很频繁地使用，除了下面介绍的选择工具栏中的操作方法，使用快捷操作也是一种常用的方法。下面我们先来学习选择工具栏的使用方法。

2.2.1 选择 > 对象/组件（Object/Component）

选择 > 对象/组件（Object/Component）命令所在位置如图所示。

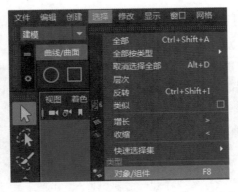

选择 > 对象/组件（Object/Component）功能

切换物体选择与构成单元的选择方式，快捷键为【F8】，选择该命令后的效果如图所示。

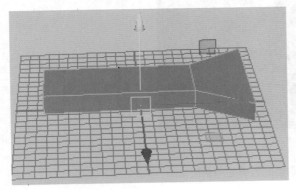

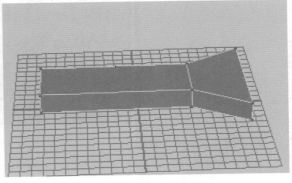

2.2.2 选择顶点（Vertex）

顶点（Vertex）命令所在位置如图所示。

物体的点选择方式，快捷键为【F9】，选择该命令后的效果如图所示。

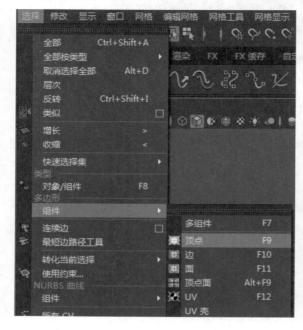
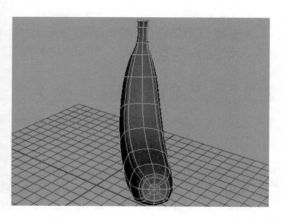

2.2.3 选择边（Edge）

选择边（Edge）命令所在位置如图所示。

选择边（Edge）功能

物体的边选择方式，快捷键为【F10】，选择该命令后的效果如图所示。

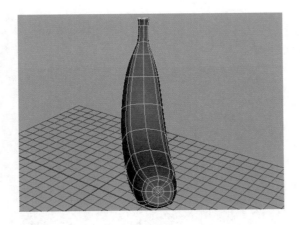

2.2.4 选择面（Face）

选择面（Face）命令所在位置如图所示。

选择面（Face）功能

物体的面选择方式，快捷键为【F11】，选择该命令后的效果如图所示。

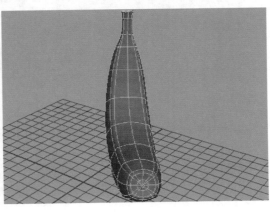

2.2.5 选择UV

选择UV命令所在位置如图所示。

选择UV功能

物体的UV坐标选择方式，快捷键为【F12】，选择该命令后的效果如图所示。

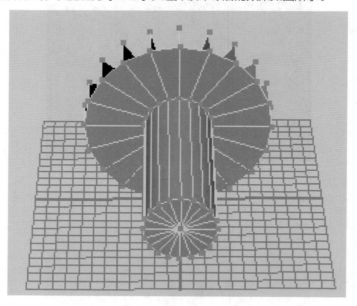

> **注意**
>
> 选择（Select）操作这几个基础命令，建议大家多使用它们的快捷键，这样在制作时效率会提高很多。

2.2.6 选择顶点面（Vertex Face）

选择顶点面（Vertex Face）命令所在位置如图所示。

选择顶点面（Vertex Face）功能

物体的顶点面选择方式，快捷键为【Alt】+【F9】，选择该命令后的效果如图所示。

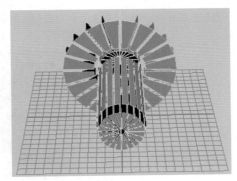

2.2.7 选择到循环边（Select Edge Loop Tool）

选择到循环边（Select Edge Loop Tool）命令所在位置如图所示。

1. 选择到循环边（Select Edge Loop Tool）功能

选择多边形上的一组连续的环形边，效果如图所示。

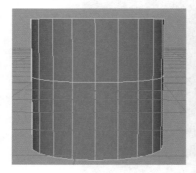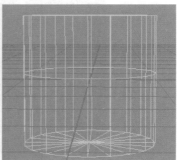

> **注 意**
>
> 此命令在非四边面的情况下无法正确判断边的延伸方向。

2. 实例操作

01 先不执行选择到循环边命令，在多边形的任意一条边上双击鼠标，如图所示。

02 所有与之相关联的边将以纵向连接的方式全部被选中，如图所示。

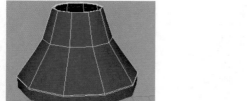

03 也可以先选择多边形模型的一条边，然后执行选择（Select）>转化当前选择（Convert Selection）>到循环边（Select Edge Loop Tool）命令，如图所示。

04 执行命令后先选择的边，与之相连的边都会被选择，如图所示。

2.2.8 选择到环形边（Select Edge Ring Tool）

选择到环形边（Select Edge Ring Tool）命令所在位置，如图所示。

1. 选择横向圈形线（Select Edge Ring Tool）功能

选择多边形上一组连续的圈形边，效果如图所示。

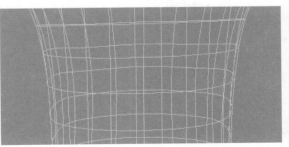

提示

同样，在非四边面的情况下无法正确判断边的延伸方向，如图所示。

此命令和选择（Select）>选择横向圈形线（Select Edge Ring Tool）命令，在制作模型时使用率非常高，选择线时不用一根线一根线地选择，双击即可选择一圈封闭的线进行编辑，非常方便。

2. 实例

01 切换到多边形（Polygons）模块，在多边形的任意一条边上单击，如图所示。

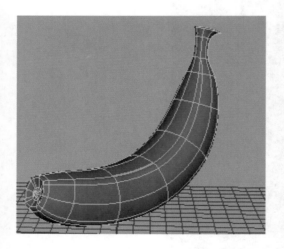

02 执行选择（Select）>转化当前选择（Convert Selection）>选择环形边（Select Edge Ring Tool）命令，如图所示。

03 所有与之相关联的边将以横向连接的方式全部被选中，如图所示。

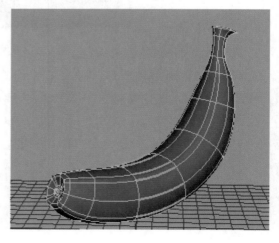

2.2.9 选择边界边（Select Border Edge Tool）

选择边界边（Select Border Edge Tool）命令所在位置如图所示。

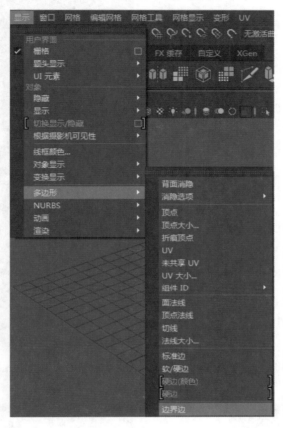

1. 选择边界边（Select Border Edge Tool）功能

选择多边形上未封闭的边界，效果如图所示。

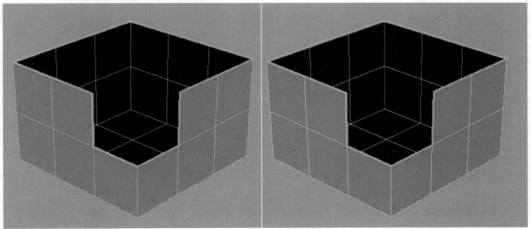

> **提示**
>
> 此命令只适用于多边形未封闭的边界，对于正常的边线不起任何作用。

2. 实例

01 在Maya中，切换到建模（Modeling）模块，执行多边形>边界边（Border Edge Tool）命令，如图所示。

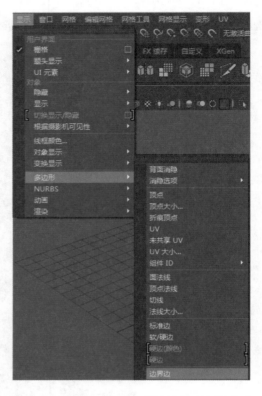

02 在多边形的开放边界上选择任意一边并双击，如图所示。

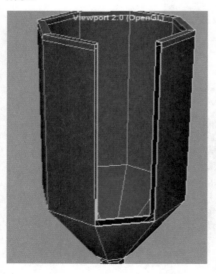

03 所有与之相关联的开放边界将全部被选中，如图所示。

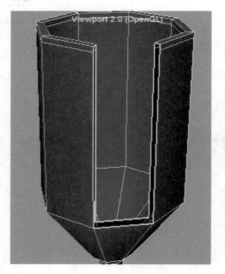

2.2.10 转化当前选择

1. 到顶点（To Vertices）

到顶点（To Vertices）命令所在位置，如图所示。

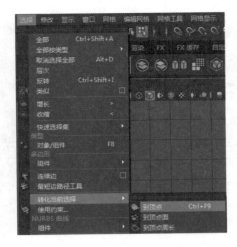

到顶点（To Vertices）功能

将当前的选择方式切换为点，选择该命令后的效果如图所示。

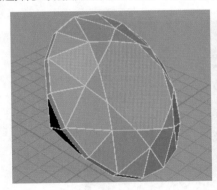
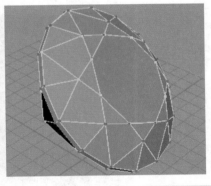

提示

在选择物体的方式下，执行此命令，会将多边形整体全部切换成点方式。

2. 到顶点面（To Vertex Faces）

到顶点面（To Vertex Faces）命令所在位置如图所示。

到顶点面（To Vertex Faces）功能

将当前的选择方式切换为顶点面选择方式，如图所示。

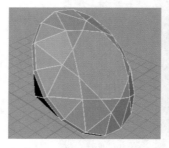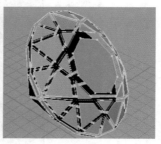

在选择物体的方式下，执行此命令，会将多边形整体全部切换成顶点面方式。

3. 到UV（To UVs）

到UV（To UVs）命令所在位置如图所示。

到UV（To UVs）功能

将当前的选择方式切换为顶点UV坐标方式，选择该命令后的效果如图所示。

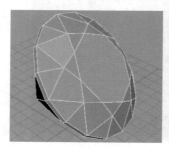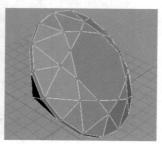

4. 到UV壳（To UV Shell）

到UV壳（To UV Shell）命令所在位置如图
所示。

到UV壳（To UV Shell）功能

将当前选择对象切换成UV坐标范围内的所有点、线或面，选择该命令后的效果如图所示。

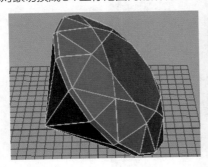 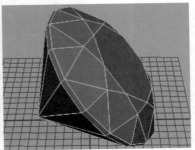

5. 到UV边界（To UV Border）

到UV边界（To UV Border）命令所在位置如图
所示。

到UV边界（To UV Border）功能

将已选择的单元区域自动切换到区域所包含的边界边，选择该命令后的效果如图所示。

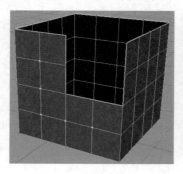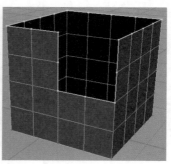

6. 到壳（To Shell）

到壳（To Shell）命令所在位置如图所示。

到壳（To Shell）功能

将已选择的单元区域切换为整个多边形的同类型元素，选择该命令后的效果如图所示。

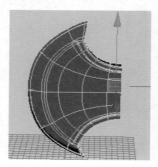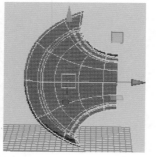

7. 到壳边界（To Shell Border）

到壳边界（To Shell Border）命令所在位置如图所示。

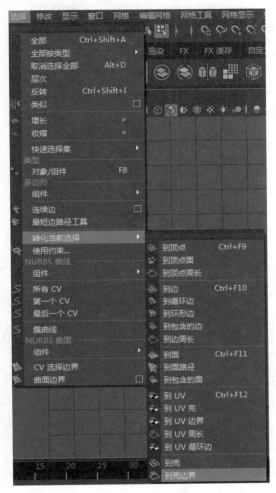

到壳边界（To Shell Border）功能

将已选择的单元区域切换到多边形的未封闭边界，选择该命令后的效果如图所示。

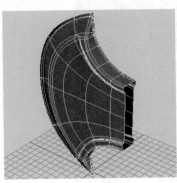
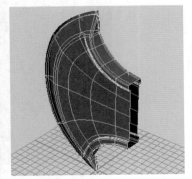

8. 到边（To Edges）

到边（To Edges）命令所在位置如图所示。

到边（To Edges）功能

将已选择元素切换为多边形的边选择方式，选择该命令后的效果如图所示。

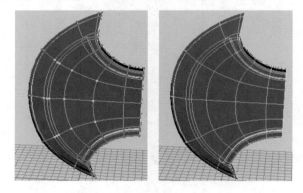

9. 到循环边（To Edge Loop）

到循环边（To Edge Loop）命令所在位置如图所示。

到循环边（To Edge Loop）功能

将已选择元素切换为多边形的边并以纵向环形延伸选择，选择该命令后的效果如图所示。

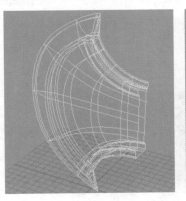 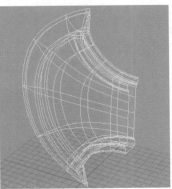

10. 到环形边（To Edge Ring）

到环形边（To Edge Ring）命令所在位置，如图所示。

到环形边（To Edge Ring）功能

将已选择元素切换为多边形的边并以横向圈形延伸选择，选择该命令后的效果如图所示。

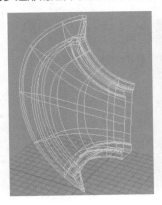 

此命令同到循环边（To Edge Loop）命令相似，也是向所选元素的四周进行横向延伸，所以很容易选择到不想要的地方。应谨慎使用，以免因多选而造成下一步的操作失误。

11. 到包含的边（To Contained Edges）

到包含的边（To Contained Edges）命令所在位置，如图所示。

到包含的边（To Contained Edges）功能
将当前的选择方式切换为当前选择所包含的边方式，选择该命令后的效果如图所示。

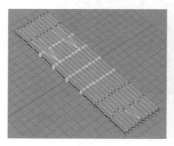
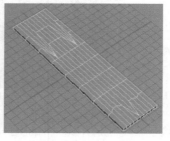

在选择单元不是连续的时候，执行此命令后将不会转换为边的方式，如图所示。

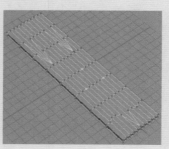

12. 到面（To Faces）

到面（To Faces）命令所在位置如图所示。

到面（To Faces）功能

将已选择元素切换为多边形的面选择，选择该命令后的效果如图所示。

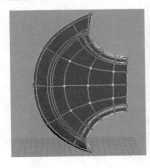 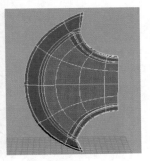

13. 到面路径（To Face Path）

到面路径（To Face Path）命令所在位置如图所示。

到面路径（To Face Path）功能

在点或面的选择方式下，自动切换到面的纵横双方向的连续面选择方式，选择该命令后的效果如图所示。

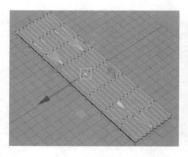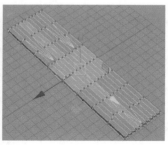

在线的选择方式下，将自动切换到面的横向连续面选择方式，如图所示。

14. 到包含的面（To Contained Faces）

到包含的面（To Contained Faces）命令所在位置如图所示。

到包含的面（To Contained Faces）功能

将当前的选择方式切换为当前选择所包含的面方式，选择该命令后的效果如图所示。

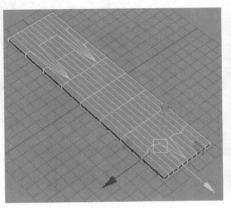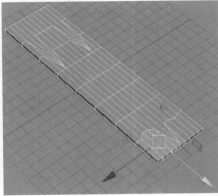

注 意

在选择的单元不能封闭成四边形时，执行此命令后将不会转换成面方式，如图所示。

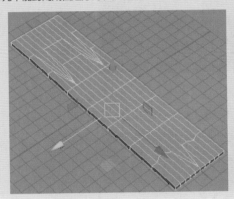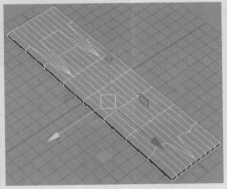

2.3 网格（Mesh）

在本小节中我们将介绍Maya中网格（Mesh）所包含的命令及对应的功能。

2.3.1 结合（Combine）

结合（Combine）命令所在位置如图所示。

结合（Combine）功能

合并多边形，将已选择的多个多边形合并为一个物体，下左图为合并前的效果，下右图为合并后的效果。

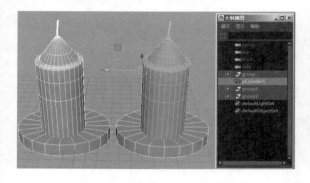 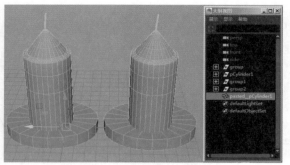

虽然此命令可以将多个物体结合为一个，但实际上彼此并不相连，不是实际意义上的互相粘连为一个实体。

2.3.2 分离（Separate）

分离（Separate）命令所在位置如图所示。

分离（Separate）功能

将已选择的多边形中的互不相连的面片分离，成为单独的多边形，下图为分离前后的效果。

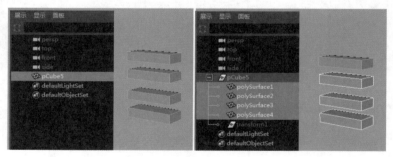

此命令可以理解为结合（Combine）命令的反向操作，将一个多边形中彼此并不相连的面片拆分开，形成各自独立的多边形物体。

2.3.3 填充洞（Fill Hole）

填充洞（Fill Hole）命令所在位置如图所示。

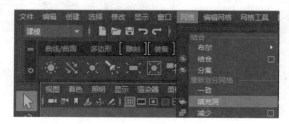

1. 填充洞（Fill Hole）功能

填充洞功能用于填补多边形上的空洞，选择该命令后的效果如图所示。

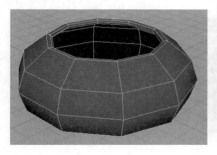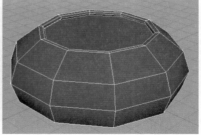

此命令也可以先选择空洞周围的单位（点、线或面），然后只对与之相关的空洞进行填补，下图为选择相关线后填补的效果。

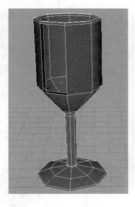

2. 实例

01 在Maya的在建模模块中，选择有空洞的多边形物体，如图所示。

02 执行网格（Mesh）>填充洞（Fill Hole）命令，如图所示。

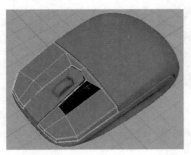

03 多边形上的所有空洞将被填补，如图所示。

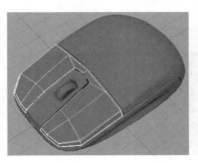

2.3.4 平滑（Smooth）

平滑（Smooth）命令所在位置如图所示。

1. 平滑（Smooth）功能

平滑功能用于平滑细分所选择的多边形，下图为选择该命令后的效果。

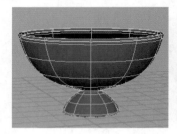 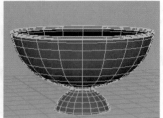

在多边形模型制作时，一般都是在零级模型下操作，完成后再执行平滑（Smooth）命令。

2. 实例

01 在建模（Modeling）模块中，选择多边形物体，如图所示。

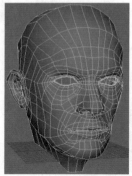

02 执行网格（Mesh）>平滑（Smooth）命令，如图所示。

03 多边形被平滑细分，效果如图所示。

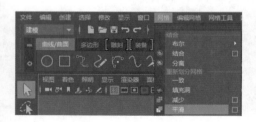

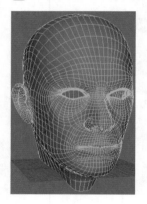

2.4 网格工具（Mesh Tools）

2.4.1 附加到多边形（Append to Polygon Tool）

附加到多边形（Append to Polygon Tool）命令所在位置如图所示。

1. 附加到多边形（Append to Polygon Tool）功能

附加到多边形功能可在一个多边形的空洞上制作连接面片，此命令只对有多边形的边界边（开放边）有效。操作时应按照Maya所给出的提示箭头进行连接。下图为选择该命令后的效果。

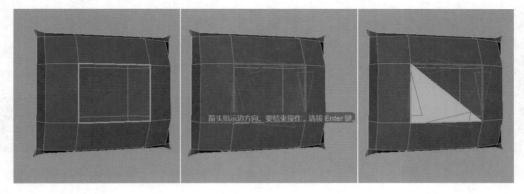

2. 附加到多边形（Append to Polygon Tool）参数

单击主菜单中的编辑网格（Edit Mesh）>附加到多边形（Append to Polygon Tool）图标，打开"工具设置"对话框，如图所示。

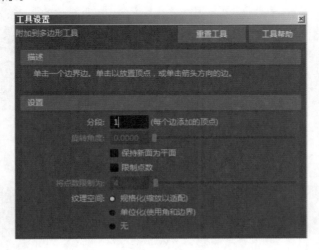

【参数说明】

● 分段（Divisions）：设定新产生的面中每条边分的段数，只对连接一条边，扩展外边界时有效，且点与点之间没有线连接。

- 旋转角度（Rotation angle）：选择一条边后，在这里调整旋转角度。
- 保持新面为平面（Keep new faces planar）：勾选此复选框后，将保持新建立的面在一个平面上。
- 将点数限制为（Limit the number of points）：设置该选项后，在Limit points to中选择一个点数，那么在设置点时，放置的点数等于设置数值时，就会自动闭合为一个新的多边形。
- 纹理空间（Texture space）：
  - ➤ 规格化（Normalize）：选择此单选按钮后，贴图坐标将被自动适配在0~1的UV坐标刻度内。
  - ➤ 单位化（Unitize）：选择此单选按钮后，贴图坐标将被自动适配在整个UV坐标刻度内，且呈四方形。
  - ➤ 无（None）：选择此单选按钮后，将不创建UV坐标。

3. 实例

01 在建模（Modeling）模块，选择有边界边的多边形，如图所示。

02 执行编辑网格（Edit Mesh）>附加到多边形（Append to Polygon Tool）命令，如图所示。

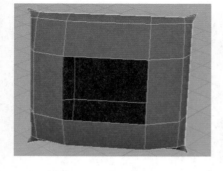

03 按照箭头提示依次选择边界边，如图所示。

04 按【Enter】键，将自动扩展出新的多边形面，如图所示。

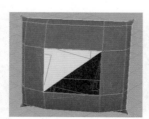 

2.4.2 插入循环边工具（Insert Edge Loop Tool）

插入循环边工具（Insert Edge Loop Tool）命令所在位置，如图所示。

1. 插入循环边工具（Insert Edge Loop Tool）功能

插入循环边工具用于在原有多边形上插入一条环形线，下图为执行该命令后的效果。

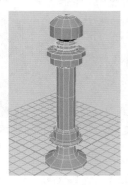

2. 插入循环边工具（Insert Edge Loop Tool）参数

选择主菜单中的编辑网格（Edit Mesh）>插入循环边（Insert Edge Loop Tool）选项，打开相应的"工具设置"对话框，如图所示。

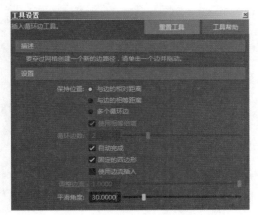

【参数说明】

- 保持位置（Maintain position）：
  - ➤ 与边的相对距离（Relative distance from edge）。
  - ➤ 与边的相等距离（Equal distance from edge）。
  - ➤ 多个循环边（Multiple edge loops）：选择此单选按钮，下面的Number of edge loops选项变为可用。
- 使用相等倍增（Use Equal Multiplier）：勾选此复选框后，激活循环边的数量（Number of edge loops）选项。
- 循环边数（Number of edge loops）：设置环形边的数量。
- 自动完成（Auto complete）：勾选此复选框后，当执行完此命令Maya将自动结束操作；如果未勾选此复选框，则执行完此命令后，需要按【Enter】键或单击鼠标右键选择Complete Tool命令来完成操作。此复选框默认为勾选状态。
- 固定的四边形（Fix Quads）：勾选此复选框后，当画分时形成非四边面时，将所形成的非四边面自动分割成四边面。
- 调整边流（Adjust Edge Flow）：在插入边之前，输入值或调整滑块以更改边的形状。
- 平滑角度（Smoothing angle）：设置新线段的法线角度。

2.4.3 多切割（Split Polygon Tool）

多切割（Split Polygon Tool）命令所在位置，如图所示。

1. 多切割（Split Polygon Tool）功能

依次在多边形的线上单击，创造出新的线来分割原有的多边形面，在选择时，最后的结束点必须连接到已有的线上，否则操作不成立。下图为选择该命令后的效果。

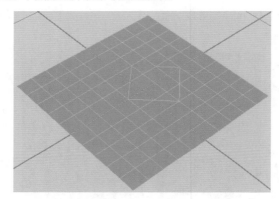

2. 多切割（Split Polygon Tool）参数

单击主菜单中的编辑网格（Edit Mesh）>多切割（Split Polygon Tool）■图标，打开"工具设置"对话框，如图所示。

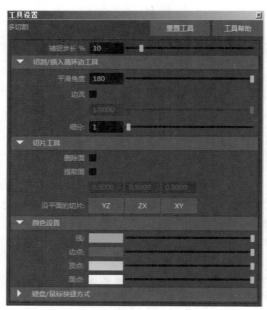

【参数说明】

- 捕捉步长 %（Snap Step %）：指定在定义切割点时使用的捕捉增量。
- 平滑角度（Smoothing angle）：指定完成操作后是否自动软化或硬化插入的边。
- 边流（Edge Flow）：启用后，新边遵循周围网格的曲面曲率。请参见编辑边流。
- 细分（Subdivisions）：指定沿已创建的每条新边出现的细分数目。顶点将沿边放置，以创建细分。
- 删除面（Delete Faces）：删除切片平面一侧的曲面部分。
- 提取面（Extract Faces）：断开切片平面一侧的面。在提取面（Extract Faces）数值框中输入值，可以控制提取的方向和距离。
- 沿平面切片（Slice Along Plane）：沿指定平面对曲面进行切片：YZ、ZX或XY。
- 颜色设置：可以自定义直线（Line）、顶点（Vertex）、边点（Edge Point）和面点（Face Point）颜色。

3. 实例

01 在建模（Modeling）模块，选择多边形，如图所示。

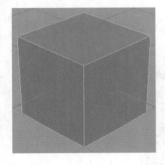

02 执行编辑网格（Edit Mesh）>多切割（Split Polygon Tool）命令，如图所示。

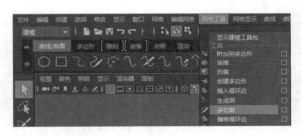

03 执行多切割命令后，依次在已有的线上点选，画出线段，如图所示。

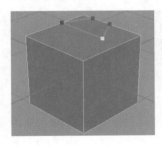

04 按【Enter】键，将自动生成新的线段，如图所示。

2.4.4 偏移循环边工具（Offset Edge Loop Tool）

偏移循环边工具（Offset Edge Loop Tool）命令所在位置如图所示。

1. 偏移循环边工具（Offset Edge Loop Tool）功能

偏移循环边工具用于以偏移的形式在原有边的两侧添加新的边，下图为选择该命令后的效果。

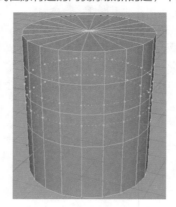

2. 偏移循环边工具（Offset Edge Loop Tool）参数

单击主菜单中的编辑网格（Edit Mesh）>偏移循环边工具（Offset Edge Loop Tool）■图标，打开"偏移循环边选项"对话框，如图所示。

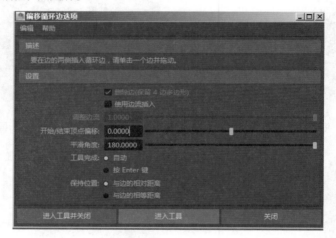

【参数说明】

- 删除边（保留4边多边形）[Delete Edge（Maintain 4-Side Polygons）]：为了满足四边面的要求自动删除多余的边。
- 使用边流插入（Insert With Edge Flow）：可以插入遵循周围网格曲率的循环边。
- 调整边流（Adjust Edge Flow）：在插入边之前，输入值或调整滑块以更改边的形状。
- 开始/结束顶点偏移（Start/End Vertex Offset）：设置起始与结束点的偏移值。
- 平滑角度（Smoothing Angle）：设置新线的点法线角度。
- 工具完成模式选项（Tool Completion）：
  - ➤ 自动（Automatically）。
  - ➤ 按Enter键（Press Enter）：选择此单选按钮，上面的Delete Edge（Maintain 4-Side Polygons）选项变为可用。
- 保持位置（Maintain position）：
  - ➤ 与边的相对距离（Relative Distance From Edge）。
  - ➤ 与边的相等距离（Equal Distance From Edge）。

2.4.5 目标焊接工具（Target Weld Tool）

目标焊接工具（Target Weld Tool）命令所在位置，如图所示。

1. 目标焊接工具（Target Weld Tool）功能

目标边将成为新的边，原来的边将会删除，下图为选择该命令后的执行效果。

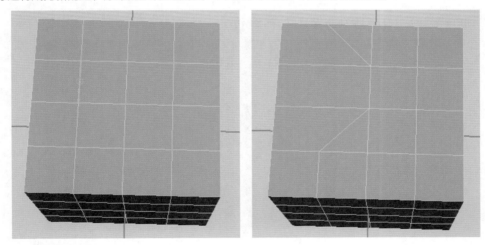

2. 目标焊接工具（Target Weld Tool）参数

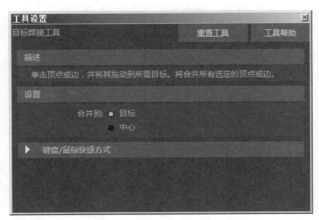

【参数说明】

- 目标（Target）：（默认）目标顶点将成为新顶点，源顶点将被删除。
- 中心（Center）：将在与源和目标组件等距的地方创建新顶点或边，然后移除源和目标组件。

3. 实例

01 在建模（Modeling）模块，选择模型的顶点模式，如图所示。

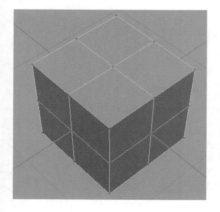

02 执行网格工具 > 目标焊接（Mesh Tools > Target Weld）命令，如图所示。

03 鼠标左键按住原来的顶点，将其移向目标顶点，如图所示。

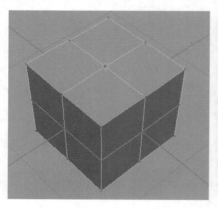 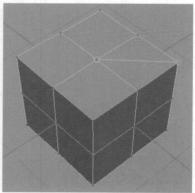

04 目标顶点将成为新顶点，源顶点被删除，如图所示。

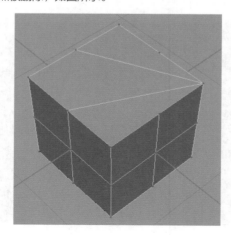

2.5 网格显示（Mesh Display）

在本节中我们将介绍Maya中网格显示（Mesh Display）所包含的命令和对应的功能。

2.5.1 一致（Conform）

一致（Conform）命令所在位置，如图所示。

一致（Conform）功能

一致功能用于统一多边形的法线方向，此命令可以很容易地将同一物体的法线进行统一。
下图为选择该命令后的效果。

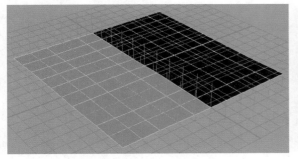 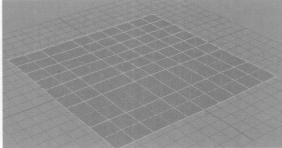

2.5.2 反转（Reverse）

反转（Reverse）命令所在位置如图所示。

1. 反转（Reverse）功能

在制作多边形模型时，有时产生一些反向的法线。使用反转命令后可以将法线调整过来，下图为反转法线的效果。

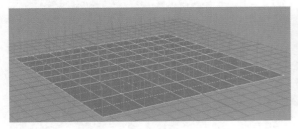 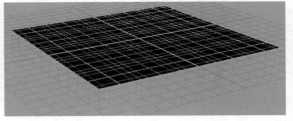

2. 反转（Reverse）参数

单击主菜单中的法线（Normals）>反转（Reverse）■图标，打开"反转法线选项"对话框，如图所示。

【参数说明】

- 在以下项上反转法线（Reverse Normals On）：
  - ➤ 选定面（Selected Faces）：选择此单选按钮后，反转所选择面的法线。
  - ➤ 选择面后进行提取（Selected faces，then extract）：选择此单选按钮后，反转所选面的法线并提取点。
  - ➤ 壳中的所有面（All faces in the shell）：选择此单选按钮后，反转所选面物体的整个外表面法线。
- 用户法线（User Normals）：
  - ➤ 保持用户法线方向（Preserve user normals direction）：保留用户法线方向。
  - ➤ 反转用户法线（Reverse user normals）：倒转用户法线。

3. 实例

01 在建模（Modeling）模块，首先选择多边形，如图所示。

02 执行显示（Display）>多边形（Polygons）>面法线（Face Normals）命令，如图所示。

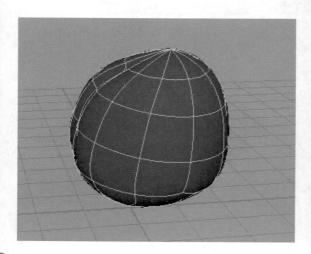

03 打开物体点法线显示方式，如图所示。

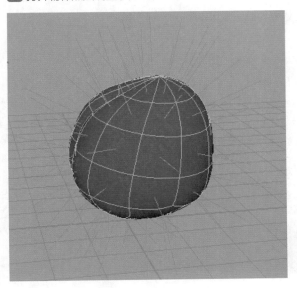

04 执行法线（Normals）>反转（Reverse）命令，如图所示。

05 反转物体的法线，效果如图所示。

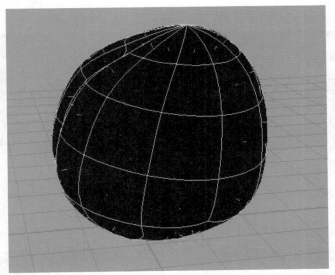

2.5.3 软化边（Soften Edge）

软化边（Soften Edge）命令所在位置如图所示。

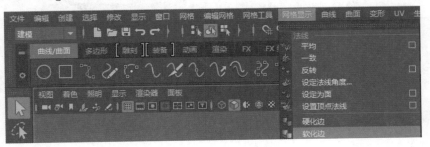

软化边（Soften Edge）功能

软化边功能通过改变点的法线方向，软化多边形的边界，此命令可以影响渲染结果。

下图为选择软化边命令后的效果。

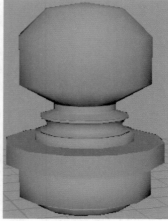

2.5.4 硬化边（Harden Edge）

硬化边（Harden Edge）命令所在位置如图所示。

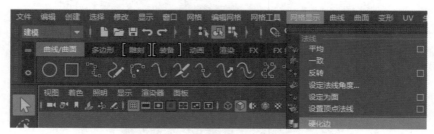

硬化边（Harden Edge）功能

硬化边功能通过改变点法线的方向，硬化多边形的边界，此命令是软化边（Soften Edge）命令的反向操作，同样可以影响渲染结果。

下图为使用硬化边命令后的效果。

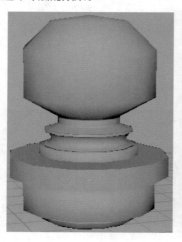

斧子模型

本章知识点

在这一章里我们将学习制作武器道具模型的方法，以一把斧子为例进行演示讲解，使我们掌握金属模型或者是有硬边棱模型的定型、卡线方法。

在案例学习过程中将掌握以下工具的应用：成组（Ctrl+G）、Ctrl+D（复制）、插入循环边（Insert Edge Loop）、创建多边形（Create Polygon）、复制面（Duplicate Faces）、挤出（Extrude）、倒角（Bevel）、平滑（Smooth）、结合（Combine）、合并点>合并到中心（Merge Vertices > Merge Vertices to Center）、多切割（Multi-Cut）；同时还要学习刀剑类道具的制作思路和表现方法。

3.1 制作斧子把手

在制作之前，我们先看一下斧子的参考图和制作完成的模型，如图所示。

 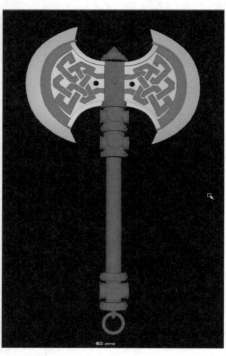

把手相对简单一些，多处结构相同，不要重复制作，做好一个进行复制即可，把手部位分解图如图所示。

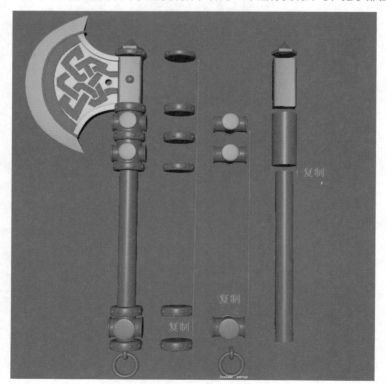

1. 导入参考图

01 把参考图导入到Maya中，如图所示。注意：用新建的相机来加载参考图调节起来是比较方便。

02 使用移动工具调节X轴，使参考图位于世界坐标中心，方便左右对称物体的制作，如图所示。

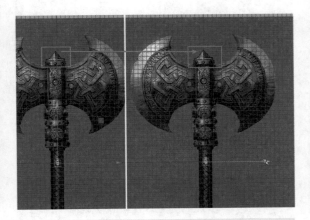

注意

这是一张原画图，上下不是非常得标准统一，我们以主要的上端对齐即可，在制作模型时要尽量做得标准一些。

03 对好图之后，把相机进行加层锁定，如图所示。

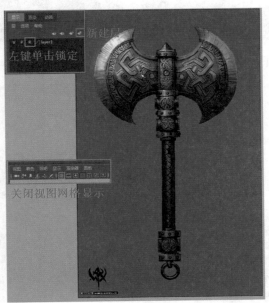

2. 制作把手

01 创建一个圆柱体用来制作红色把手部位，如图所示。注意：把手的圆柱体上下两端的面是无用的，删除即可。

02 复制圆柱体，并移动到把手下方，通过缩放、调节点，制作把手下部的短圆柱物体，如图所示。

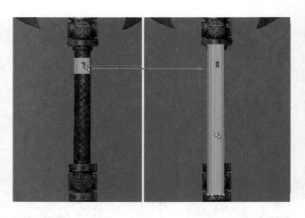

03 选择圆柱中间部位的一个面，按Shift+鼠标右键，执行"复制面（Duplicate Faces）命令，"如图所示。

04 将复制的面缩放得小一些，如图所示。

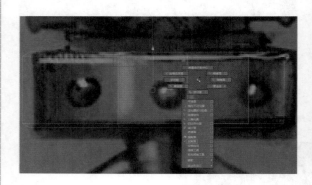

05 按下F11键，切换到面级别并选择面，按下Shift+鼠标右键，执行"挤出面 (Extrude Faces)"命令，如图所示。

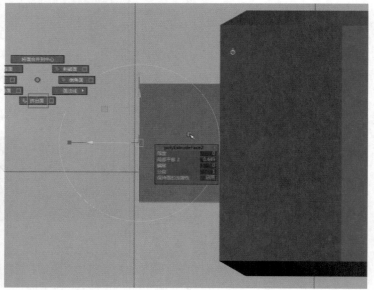

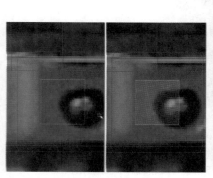

06 选择圆柱物体上的面，按下Shift+鼠标右键，执行"平滑面（Smooth Faces）"命令，如图所示。

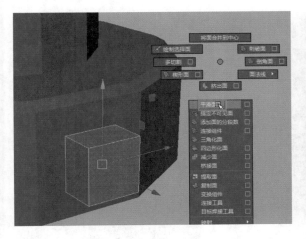

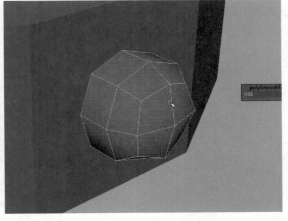

07 选择面并进行删除操作，只留下半球，如图所示。

08 按F8键回到物体级别并按数字3键显示（平滑显示物体），向下调整位置，如图所示。

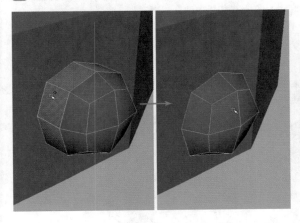

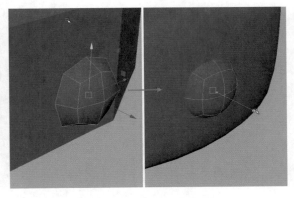

09 切换到顶视图，我们看到半球的中心点不在世界坐标中心，按下Ctrl+G（成组）快捷键后，"组"的中心点会自动放置于坐标中心，如图所示。

10 按4键（网格显示），将半球的组执行Ctrl+D（复制）快捷键，复制一个半球，按E键切换到旋转操作，在Y轴上试着旋转，如图所示。

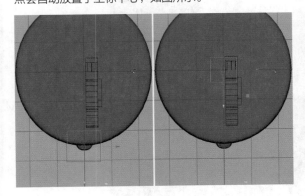

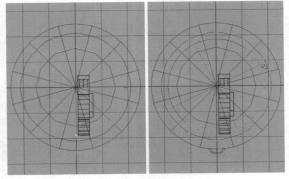

11 手动旋转的角度不标准，我们计算一下，我们总共需要8个半球模型，转一圈360度除以8等于45度。由于旋转方向，我们是负方向操作的，所以在右侧属性面板Y轴参数栏中，直接输-45，按下Enter键确认，复制一个半球，然后按下Shift+D键六次，即连续复制6个半球，完成半球钉的制作，如图所示。

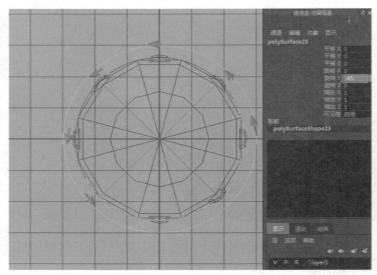

12 选择短圆柱和半球，按Shift+鼠标右键，选择"结合（Combine）"命令，将二者合并，注意：模型的点不用合并，然后将其复制并对位到其他相同结构位置，如图所示。

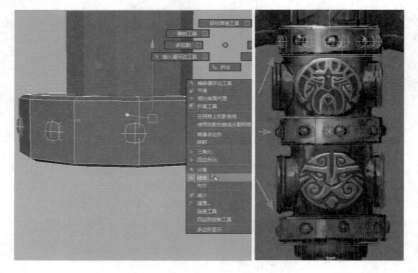

13 复制短圆柱并旋转、缩放，用于制作十字交叉的圆柱，如图所示。

14 横向圆柱的突起效果是用"挤出面"功能来获得的，如图所示。

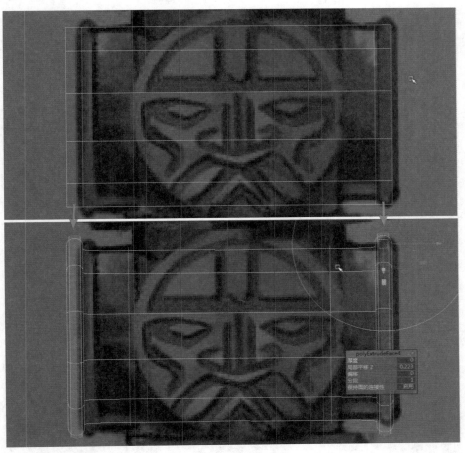

15 完成制作后执行Ctrl+D（复制）"快捷键，复制一个，旋转90度成十字交叉状态。复制出其他相同结构，然后进行移动对位，如图所示。

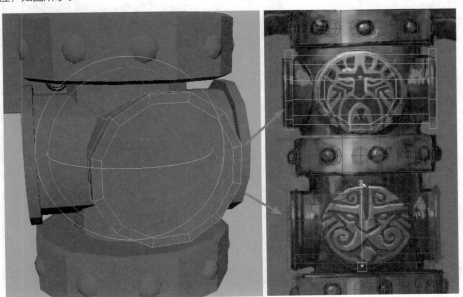

3. 制作把手顶尖

01 新建一个圆柱体，更改轴向细分数为6，制作六角螺丝状斧子顶端结构，如图所示。

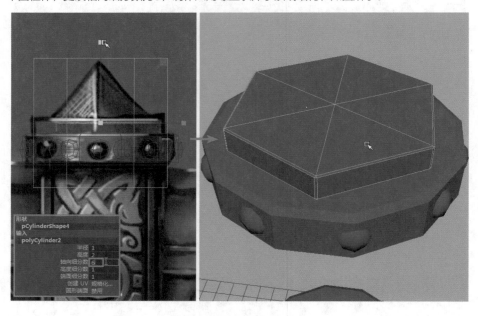

02 创建圆锥体并更改参数，制作出把手顶端锥状物体，如图所示。

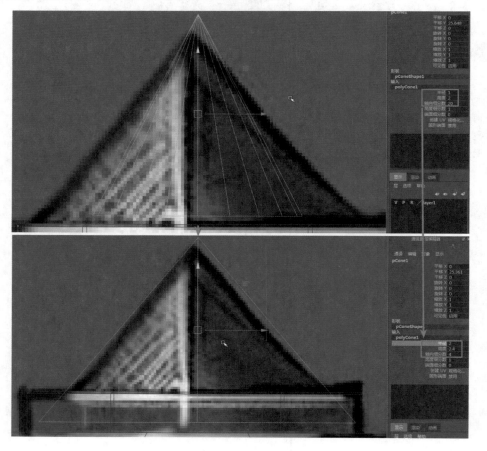

03 选择圆锥体的三条棱边，按Shift+鼠标右键后，选择"倒角（Bevel）"命令，执行倒角操作，如图所示。

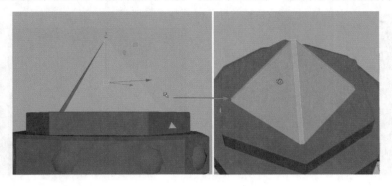

04 选择椎体的面向内挤出，并删除椎体底下看不见的面，如图所示。

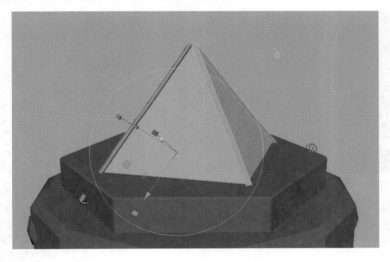

4. 制作铁环和把手上的宝石

01 创建一个圆环，更改相应的参数，制作把手下端的两个铁环，如图所示。注意：复制后的原始物体是不能更改参数的，所以需要在原始圆环时修改参数，然后再进行复制操作。

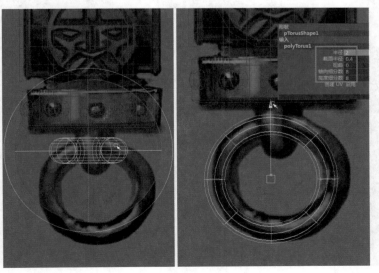

02 完成一大一小铁环的制作，如图所示。

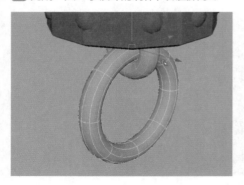

03 创建一个立方体，挤出面来制作把手宝石部位结构，如图所示。

04 复制半球用来制作宝石，如图所示。

05 制作完成的把手模型，如图所示。

3.2 制作斧子片

01 按 Shift+ 鼠标右键，选择"创建多边形（Create Polygon）"命令，用创建多边形工具"勾画"四点面片，选择面物体并按 Shift+ 鼠标右键，选择"插入循环边（Insert Edge Loop）"命令，在模型中间插入一条中线，如图所示。

02 调节对位点后再次执行"插入循环边（Insert Edge Loop）"命令，插入3条中线并对位各点，如图所示。

03 继续插入两条线并对位各点，如图所示。

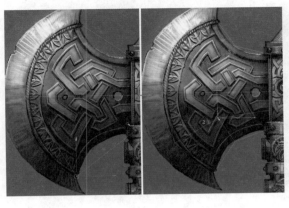

04 选择模型外侧的边，按Shift+鼠标右键，选择"挤出（Extrude）"命令，挤出斧子刃部位，如图所示。

05 按Shift+鼠标右键，选择"插入循环边（Insert Edge Loop）"命令，在斧子片上下两端凸起部位加线，如图所示。

06 选择斧子模型的面，按Shift+鼠标右键，选择"挤出（Extrude）"命令，将斧子面片进行厚度挤出操作，如图所示。

07 将斧子后背儿部位面删除，再选择斧子斧刃部位的点，按Shift+鼠标右键，选择"合并点＞合并到中心（Merge Vertices＞Merge Vertices to Center）"命令，把上下尖端部位以及斧刃厚度的点合并，如图所示。

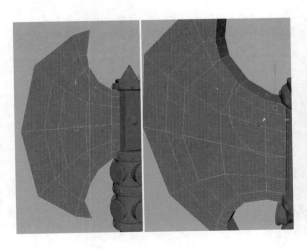

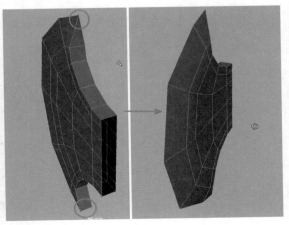

08 将斧子凸起部位进行挤出操作,
如图所示。

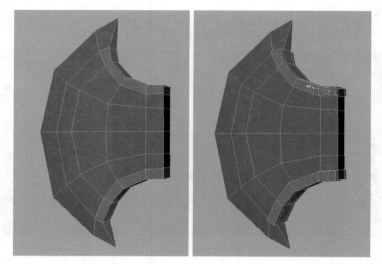

09 将挤出的斧子刃一端的厚度点进
行合并,如图所示。

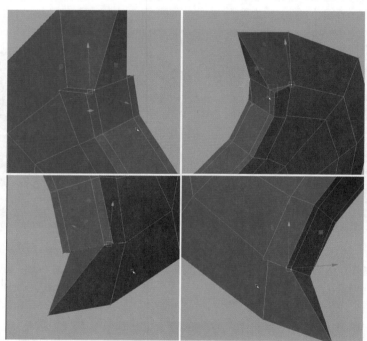

10 然后把斧子厚度上的线删除,如
图所示。

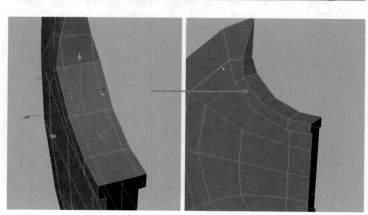

11 选择定型边，按Shift+鼠标右键，选择"倒角（Bevel）"命令，进行倒角操作，这些边用于卡线定型，如图所示。

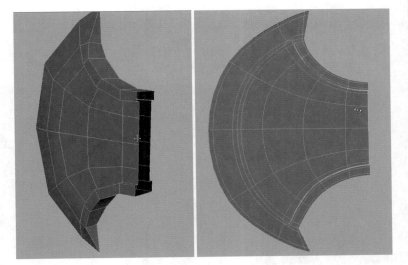

12 选择斧子刃侧边花纹部位面，按Shift+鼠标右键，选择"复制面（Duplicate Faces）"命令，进行复制面操作，如图所示。

13 将复制的面片分为两部分并分别进行挤出厚度操作，如图所示。

3.3 制作斧子花纹

01 用创建多边形工具"勾画"出所有浮雕图案内边缘，并进行连线处理成四边面，如图所示。

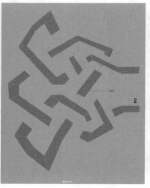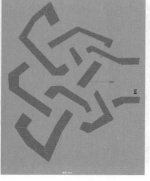

02 对所有图案外边进行挤出操作，并进行外边缘的对位，如图所示。

03 挤出厚度的效果，如图所示。

04 选择图案凹陷部位的面向内挤出，如图所示。

05 选择所有直棱边，按Shift+鼠标右键，执行"倒角（Bevel）"命令，如图所示。

06 完成的斧子片部位，如图所示。

> **注 意**
>
> 图中只有三条环线未选择，由它产生弧度，所以不应该倒角；其它的边都是直边，是需要定型的，所以要倒成双线进行固定，也叫"定型"。

07 创建圆柱并更改相应的参数，对位到斧子片的孔洞处，如图所示。

08 先选择斧子物体再选择圆柱，执行"布尔（Booleans）>差集"（Difference）"命令，进行布尔运算的"差集"运算，如图所示。

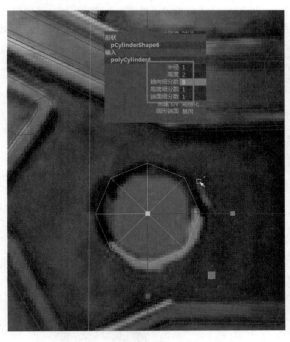

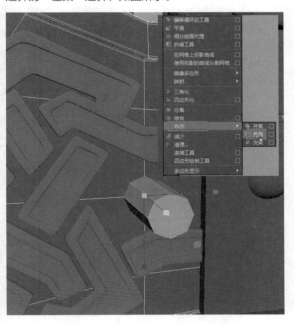

09 将孔洞部位连线处理，并将孔洞边进行挤出对接，如图所示。

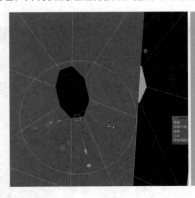

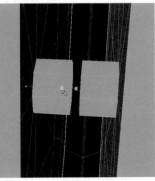

10 选择空洞的边，按Shift+鼠标右键，执行"倒角（Bevel）"命令，将孔洞卡线定型，如图所示。

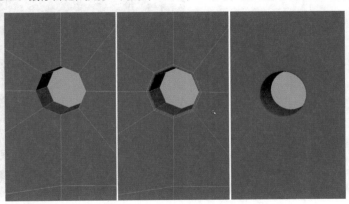

3.4 完成并整理模型

01 选择斧子片及斧子片上的部件，执行Shift+鼠标右键，执行"结合（Combine）"命令，按下Ctrl+D（复制）后，在属性面板缩放项X轴的数值框中输入–1，镜像出另一半，如图所示。

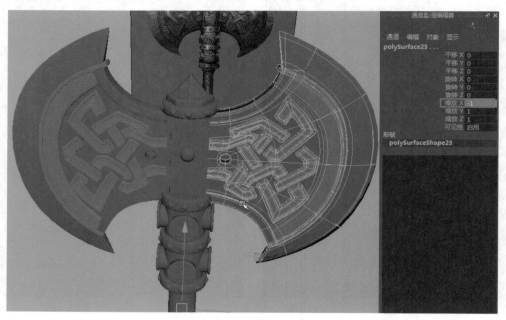

02 对各部位进行检查并整理完成的效果，如图所示。

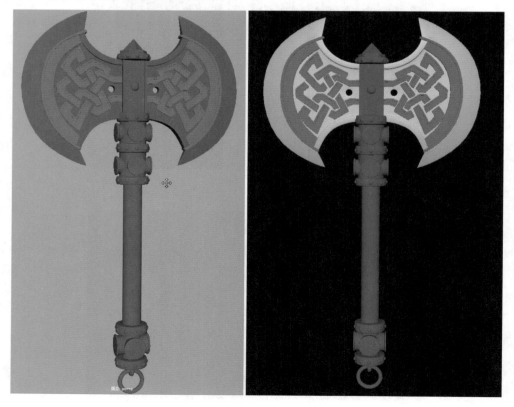

Chapter

04

室内场景模型

本章知识点

本章将来学习室内场景模型的制作方法，包括茶几、沙发、书籍、台灯等等。通过本案例室内场景的制作，学习室内场景的搭建思路和透视图的对图方法，本章会用到的工具有：撕下副本（Tear Off Copy）、插入循环边（Insert Edge Loop）、Ctrl+G（成组）、Ctrl+D（复制）、创建多边形（Create Polygon）、复制面（Duplicate Faces）、挤出（Extrude）、倒角（Bevel）、结合（Combine）、多切割（Multi-Cut）。

本章通过对常见家具的制作练习，掌握圆滑模型（比如沙发）和硬边模型（比如沙发脚）的控线方法，提高模型精简度和"软硬度"的控制能力。

另外，本章的重点以及制作技巧是"就地取材"。即就近复制面（或提取面）；相似物体能复制的就复制。"就地取材"的好处就是省去了很多对位的时间，也使得建模更加灵活。

4.1 模型与参考图对位

在开始制作前，我们先看一下参考图和制作完成的模型图，如图所示。

01 我们先设置工程目录并把参考图导入到Maya中，如图所示。

02 执行Shift+鼠标右键快捷操作，在弹出的菜单中选择"多边形立方体"命令，在世界坐标中心创建多边形立方体，并调整成房子的大概比例，如图所示。

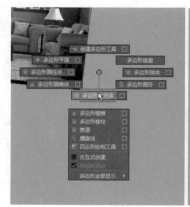 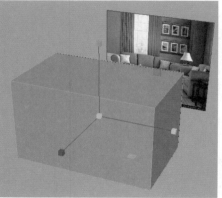

03 将立方体复制一个，调整成茶几的大概比例，如图所示。

04 切换到相机视图，如图所示。

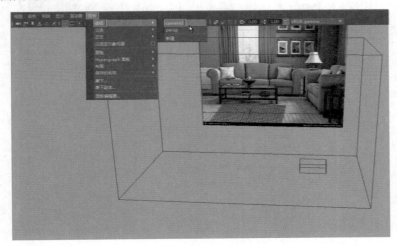

05 打开摄影机调节工具，如图所示。

06 在面板菜单中执行"面板（Panels） >撕下副本（Tear Off Copy）"命令，如图所示。注意：后面会用复制的摄影机视图作参考，而制作模型的操作是在透视图里面进行。

07 用摄影机调节工具进行对位，尝试各个工具反复调节，就如同使用摄影机的推拉摇移来进行对位大立方体、茶几立方体：使得大立方体的边对位到白色的墙裙底边，小长方体对位到茶几，如图所示。

08 对好图之后，先选择摄影机拖选所有项，然后执行"锁定选定项"命令，最后进行加层锁定，如图所示。

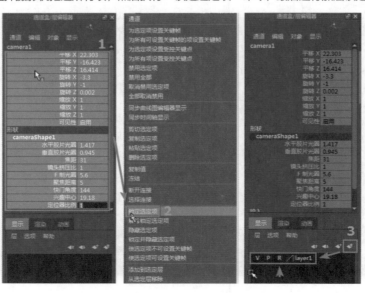

4.2 制作茶几、果盘、图书和棋子罐

　　准备工作已经做好，下面进行模型的制作，需要强调：以摄影机视图作参考，在透视图里进行制作操作。在房间的立方体上根据参考图插入定位线，操作是选择大长方体，按Shift+鼠标右键，执行"插入循环边（Insert Edge Loop）"命令，在需要插线部位的线上单击即可，插入多个部位定位线，如图所示。

　　将茶几立方体复制一个以备制作沙发使用，如图所示。

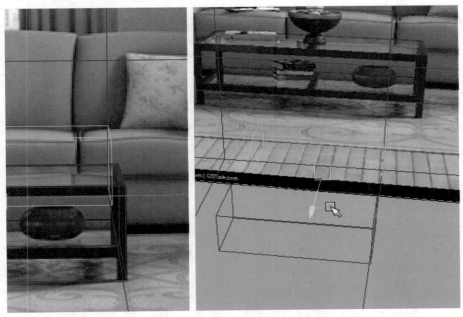

1. 制作茶几

01 选择"面"按Shift+鼠标右键，执行"复制面（Duplicate Faces）"命令，进行复制面操作，再选择这个"面"按Shift+鼠标右键，执行"挤出（Extrude）"命令，进行挤出操作，以此来制作茶几面，如图所示。

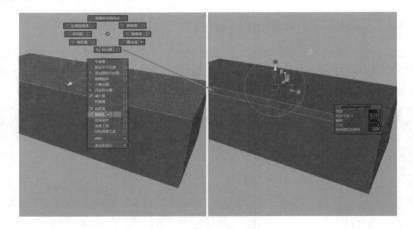

02 复制一个茶几面物体，移动面上的点到一侧，使其成为长条，如图所示。

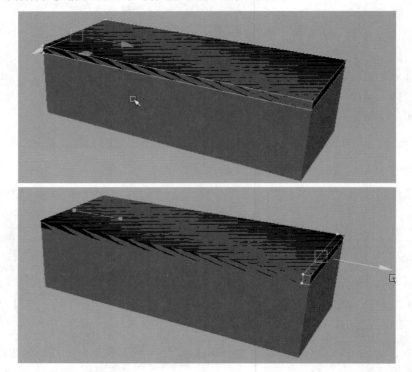

03 将长条上的侧点移到下面，成为一个木板，如图所示。

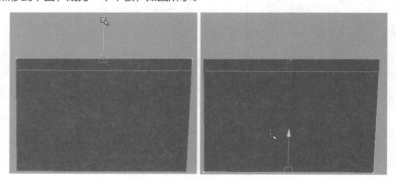

04 再将木板一侧点移到另一侧，成为茶几的一根腿（这里的操作对于新手稍显繁琐，主要是提供一种制作思路。当然可以直接创建一个立方体作为茶几腿），如图所示。

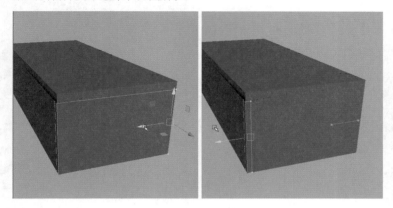

05 用这一根腿复制出另外三根腿，删除茶几最初的立方体，如图所示。

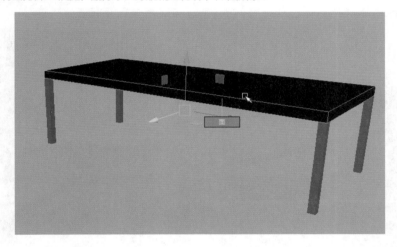

06 执行Shift+鼠标右键，在弹出的菜单中选择"法线>反转法线"命令，把茶几面法线反转，如图所示。

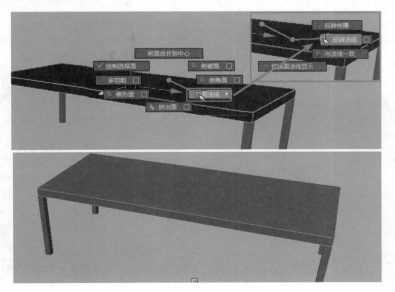

07 复制茶几面，向下移作搁板横撑，如图所示。

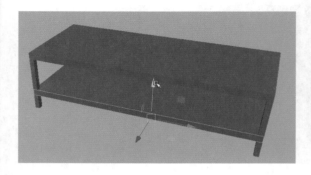

08 删除搁板中间的面，只剩两侧的面，效果如图所示。

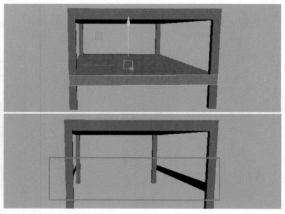

09 将面进行挤出，使其成为一个长方体，将这两个长方体作为茶几的两根横撑，如图所示。

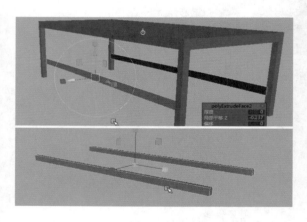

10 将茶几一侧的面进行"复制面"操作，用来制作另一侧的短横撑，如图所示。

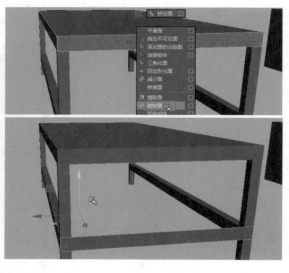

11 短撑面挤出后，复制出另外两根短撑，如图所示。

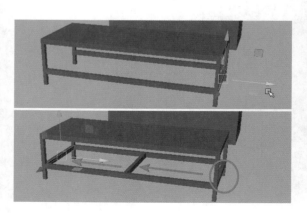

12 茶几面和搁板都是玻璃的，需要将茶几面调薄，使用挤压命令操作即可，如图所示。

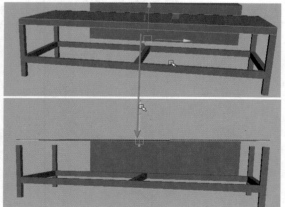

13 将搁板横撑复制到玻璃面底下，如图所示。

14 复制茶几面玻璃，下移作为搁板玻璃，如图所示。

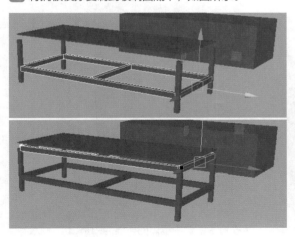

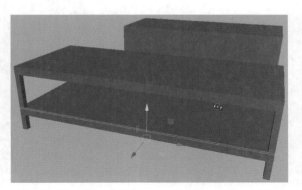

2. 棋子罐

01 创建一个球体并更改参数后，再复制一个，一个做棋子罐一个做果盘，如图所示。

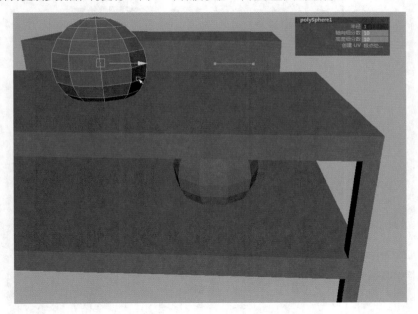

02 先来制作棋子罐，将球体底部删除线，如图所示。

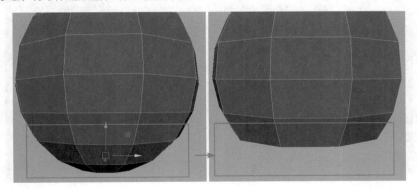

03 插入线进行卡边，并删除棋子罐上部面，如图所示。

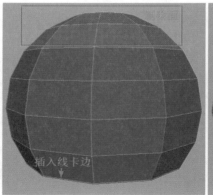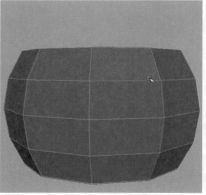

04 选中罐子横向线，使用软选择进行缩放（软选择选项命令），更改直径，选中罐口的环线向内挤出边，软选择工具和罐口的操作如图所示。

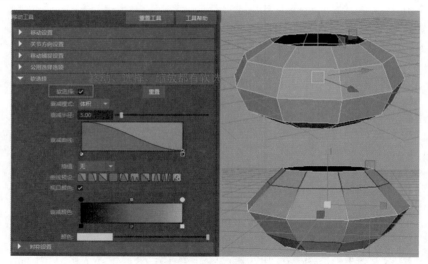

05 对照参考图缩放比例后完成的棋子罐制作，如图所示。

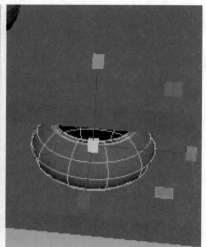

3. 果盘制作

01 接下来再来制作果盘，选择之前复制的另一个球体，删除球体上部线，使用插入循环边（Insert Edge Loop）工具卡边棱，选面多次挤出，配合挤压面和缩放调整，如图所示。

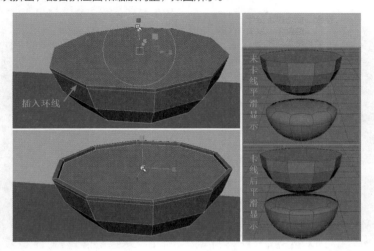

02 完成果盘上部，选择下部面进行挤出操作，如图所示。

03 完成的果盘效果，如图所示。

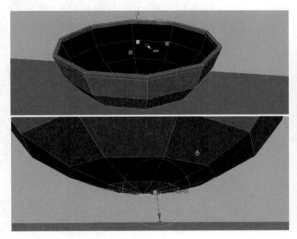

04 复制一个盘子，制作桃子模型，进行相应的修改，使之成为桃子的形状，具体的操作如图所示。

05 完成一个桃子模型的制作后，复制多个桃子并进行摆放，如图所示。

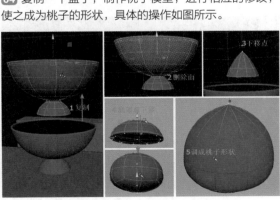

4. 制作图书

01 用一个立方体盒子制作书籍，进行横向插入循环边（Insert Edge Loop）并移动一侧凸起，调节成弧形书背，如图所示。

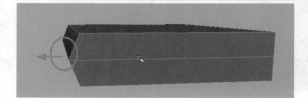

02 选择图书外侧的面，进行"复制面（Duplicate Faces）"操作，并"挤出（Extrude）"厚度以制作书的封面，如图所示。

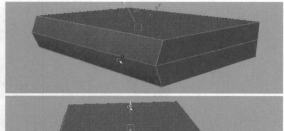

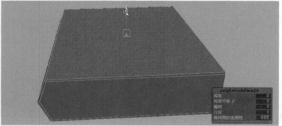

03 将书页调小一些，如图所示。

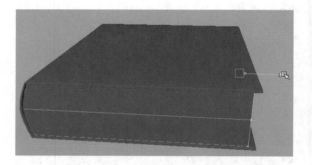

04 完成书籍模型的制作并复制一本后，将图书旋转错开摆放，如图所示。

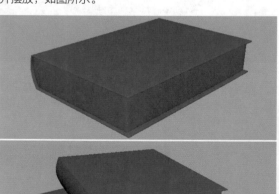

05 完成的茶几制作，如图所示。

4.3 制作沙发

使用之前复制的茶几立方体盒子来制作沙发，效果如图所示。

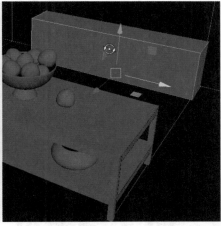

1. 制作沙发垫

01 加线规划沙发的坐垫和一体长垫（一些面显示出现问题，如果是法线反向了，可以执行反转操作），如图所示。

02 将一个立方体盒子倒角边，然后插入两根环线，如图所示。

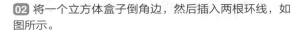
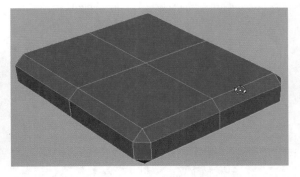

03 将两根中线执行"倒角（Bevel）"边操作，然后进行缩放调整到靠边位置，如图所示。

04 选择中间部位的面并上移，沙发套就鼓起来了，如图所示。

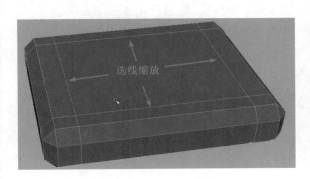
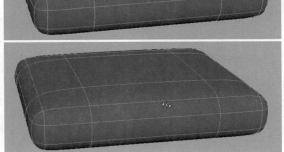

05 选择坐垫后按Shift+鼠标右键，使用"多切割（Multi-Cut）"工具切一条环线，再将环线倒角边成两根线，如图所示。

06 选择面并执行"挤出（Extrude）"操作，制作接缝凸起效果，如图所示。

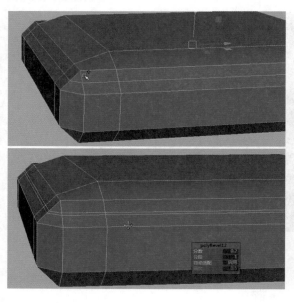

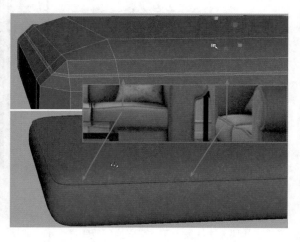

07 将坐垫复制，在顶视图调节对位，如图所示。

08 复制一个坐垫并旋转，然后删除接缝凸起，更改为靠背，如图所示。

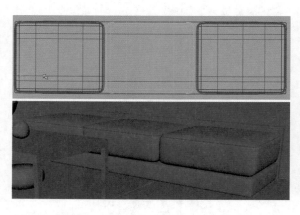

09 复制靠背，然后调宽一体长垫并复制出后背结构，如图所示。

2. 制作沙发扶手和靠枕

01 使用创建"多边形（Create Polygon）"工具"勾画"出扶手轮廓面片，如图所示。

02 按Shift+鼠标右键，执行"多切割（Multi-Cut）"命令，切成四边面后进行"挤出（Extrude）"操作，如图所示。

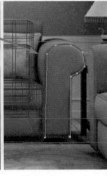

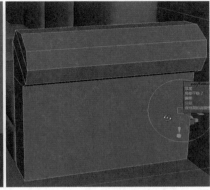

03 扶手部位加线并选前端面进行"挤出（Extrude）"操作，如图所示。

04 完成一个扶手后执行Ctrl+D快捷命令，复制另一侧的沙发扶手，如图所示。

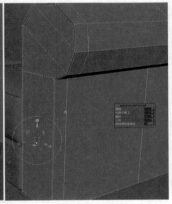

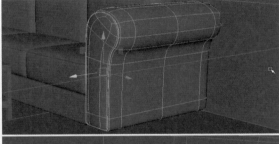

05 复制一个靠背进行减线，如图所示。

06 选择四角部位点进行厚度方向的缩小，如图所示。

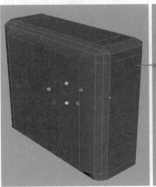

07 选择中间面向外放大，如图所示。

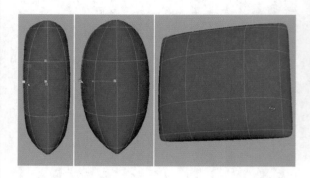

08 将厚度上的中线"倒角（Bevel）"成三根，如图所示。

09 在四角"插入循环边（Insert Edge Loop）"，选择四角的点进行缩放操作，完成制作的靠枕，如图所示。

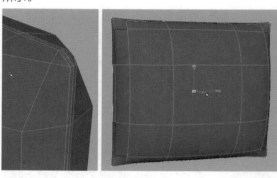

10 将靠背和靠枕旋转一定的角度，如图所示。

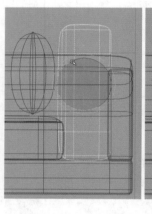

11 执行 Ctrl+D 命令，复制靠枕并摆放位置，如图所示。

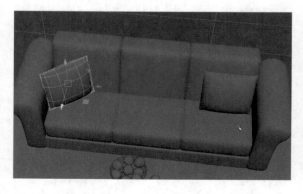

12 创建一个立方体盒子，并将它的所有边执行"倒角（Bevel）"操作，制作沙发脚，再复制三个，摆放到沙发的其他几个脚位，如图所示。

13 选择三座沙发，执行Ctrl+D命令，进行复制操作，再次执行Ctrl+G（成组）命令，并结合摄影机视图，旋转对位，如图所示。

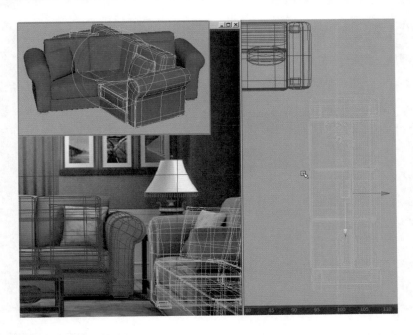

14 将复制的沙发修改为两座沙发，如图所示。

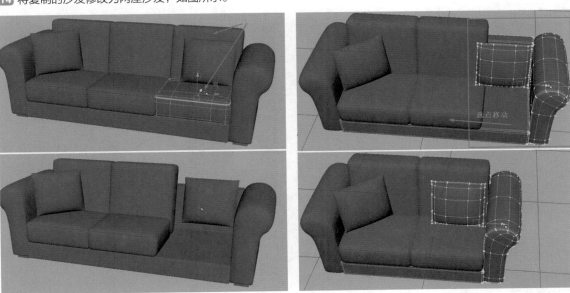

15 完成沙发的制作，如图所示。

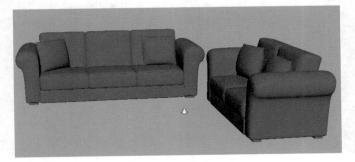

4.4 制作台灯、桌台和酒杯

复制一个茶几，选择一侧的端点向另一侧移动，制作台灯桌，如图所示。

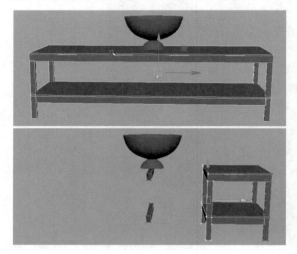

01 复制一个果盘用来更改为台灯模型，将这个台灯模型移动到台灯桌上，如图所示。

02 参考台灯图片，使用缩放、移动点、线、挤出面工具来进行修改，如图所示。

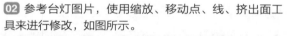
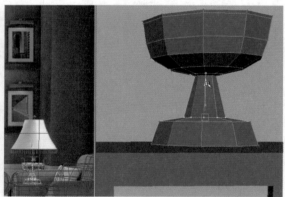

03 选择台灯模型的边进行倒角边操作，然后选择台灯边缘上的面，执行挤出面操作，挤出台灯造型，如图所示。

04 注意参考图中的台灯造型，完成的造型，如图所示。

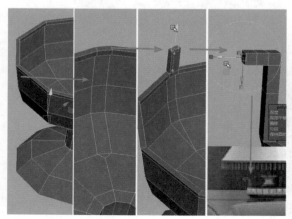

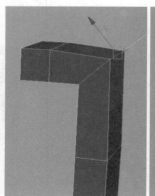

05 将台灯留下五分之一，删除其他的部分，如图所示。

06 选择这五分之一的模型，按下Ctrl+D（复制）键，按E键进行到旋转状态，在Y轴上测试旋转一下，如图所示。

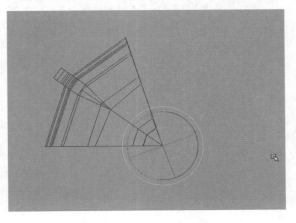

07 台灯需要呈现圆形，旋转一圈360度，我们计算一下需要几块，在本例中需要4块，换算成旋转的度数即为72度，在旋转Y属性栏中输入72，按下Enter确认操作，右键在视图区单击激活视图，然后按Shift键并连续按D三次，即连续复制3个，完成旋转复制如图所示。

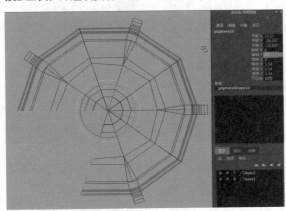

08 将所有的模型"结合"成一个物体，如图所示。

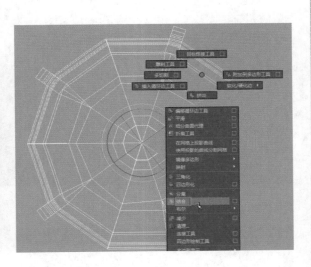

09 选择台灯的所有点，按Shift+鼠标右键，进行"合并顶点"操作，如图所示。

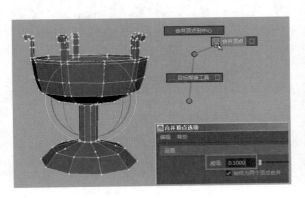

10 完成台灯下部外形，如图所示。

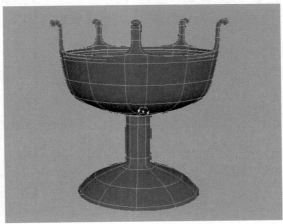

11 复制台灯中部面，选边"合成"到一点，如图所示。

12 选择这个"面"进行挤出操作，使其成为一个竖着摆放的杆子，如图所示。

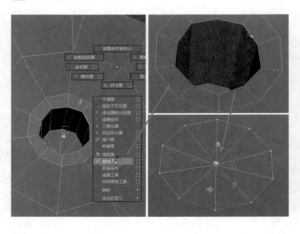

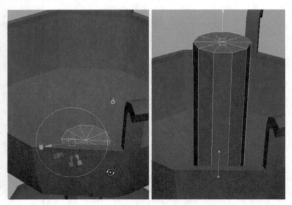

13 在杆子上加线，选择横向的一圈面，执行挤出面操作，对杆子进行造型操作，如图所示。

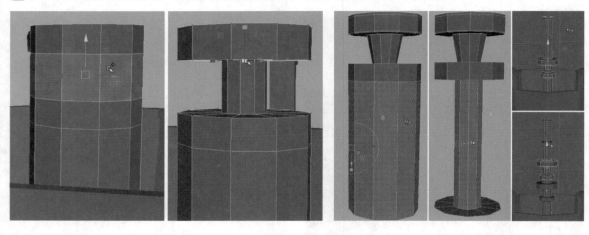

14 选择点，执行放大操作，做出灯罩，如图所示。

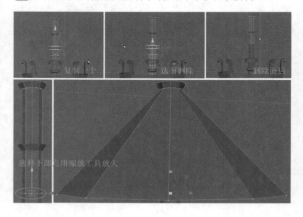

15 选择灯罩上端的点，放大后，删除上部的面，如图所示。

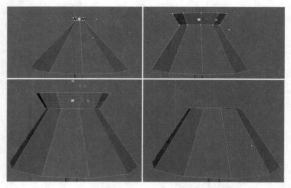

16 在灯罩中段加线，缩小直径。在灯罩下端执行挤出操作，制作灯罩的边缘结构，如图所示。

17 完成的台灯模型制作，如图所示。

18 复制一个台灯桌台，把它摆放到沙发边缘，做为酒杯桌台，如图所示。

19 再次将酒杯桌台复制，修改为一大一小两个，如图所示。

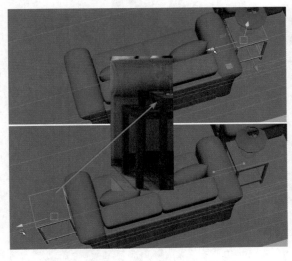

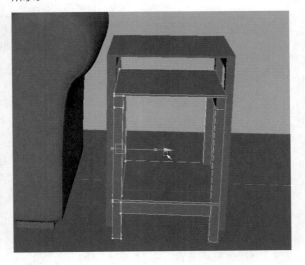

20 复制酒杯桌台面制作酒杯，如图所示。

21 用加线、缩放等操作制作酒杯，如图所示。

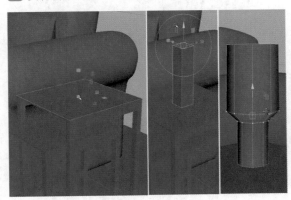

4.5 制作地毯、窗帘和窗户

复制地面来制作地毯，如图所示。

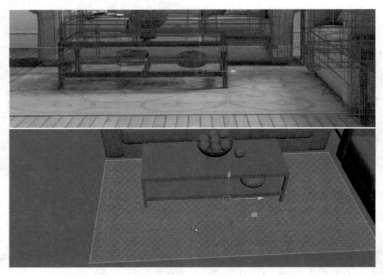

01 挤出厚度完成地毯制作，如图所示。

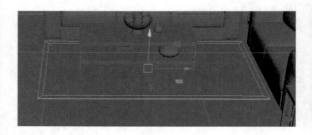

02 挤出墙角，如图所示。

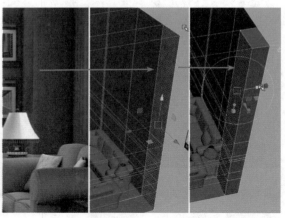

03 将窗户位置面进行复制，并用"多切割"工具切出更多线来制作窗帘，如图所示。

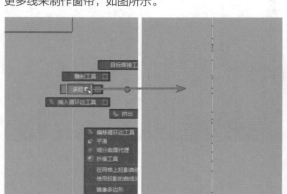

04 隔一边选择一个边，移动调整成窗帘的褶皱，完成的窗帘效果如图所示。

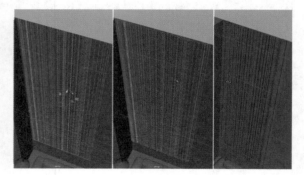

05 将窗帘复制两个，移动并对位到正面窗户位置，如图所示。

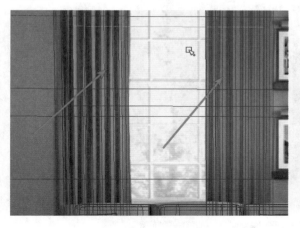

06 选择面挤出窗户，如图所示。

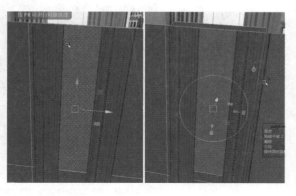

07 在复制的窗户面上加线并用"挤出"命令，制作窗框和窗棂，如图所示。

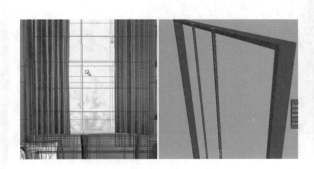

08 完成的窗户制作，如图所示。

4.6 制作墙裙、挂画

在摄影机视图以参考图定位加线，并用挤出面功能来制作墙裙，如图所示。

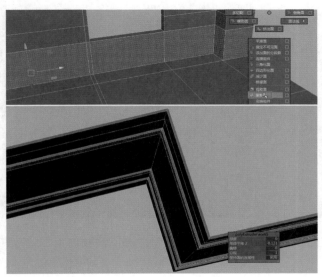

01 同样在摄影机视图以参考图定位加线，并用"挤出面"工具来制作挂画，如图所示。

02 完成挂画制作，如图所示。

4.7 完成并整理模型

在单个模型都制作完成后，需要对所有模型的整体进行整理，包括比例调节、模型物件检查等等。参考摄影机视图调整房间高度，如图所示。

01 选择将所有模型，执行Ctrl+G命令，将所有模型成组，并在顶视图将组放置在世界坐标中心位置，如图所示。

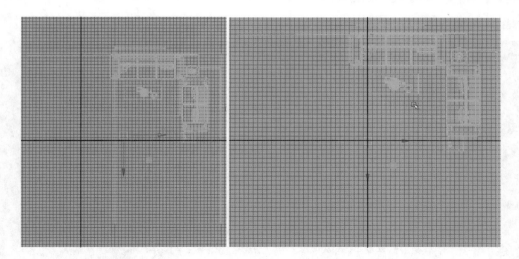

02 在前视图将模型组上移到地平面之上，如图所示。

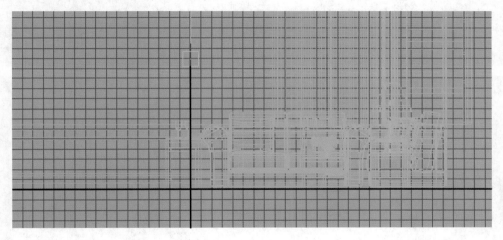

03 删除多余的边，如图所示。

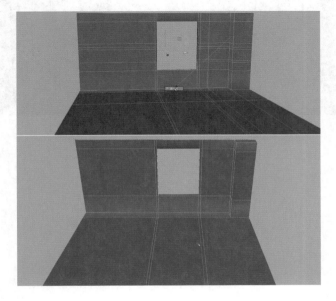

04 整理完成最终的效果，如图所示。

Chapter

05

室外场景模型

本章知识点

制作室外场景要先搭建整体框架，这样可以比较方便地确定比例关系。本章的重点是多角度的对图方法、多房间室外建筑的框架搭建思路以及古式建筑的制作表现方法。

本章会用到的工具有：插入循环边（Insert Edge Loop）、Ctrl+G（成组）、Ctrl+D（复制）、创建多边形（Create Polygon Tool）、多边形立方体（Poly Cube）、多边形球体（Poly Sphere）、多边形柱体（Poly Cylinder）、复制面（Duplicate Faces）、提取（Extract）、挤出（Extrude）、倒角（Bevel）、结合（Combine）、多切割（Multi-Cut）、平滑（Smooth）、软边或硬边（Soften/Harden Edge）>软边（Soften Edge）等。

5.1 对图

在制作之前，我们先看一下参考图和制作完成的模型截图，如图所示。

在Maya中，除了透视图参考图还有4个标准视图参考图，在一张图上，设置工程目录并导入完参考图，如图所示。

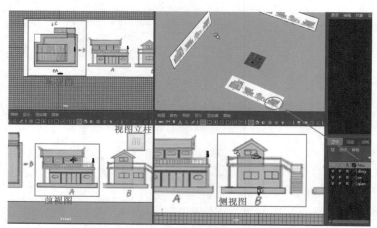

注意

我们先设置工程目录并把参考图导入到Maya中，虽然4个标准视图参考图在一张图上，但我们也要建立4架摄影机并分别加载同一张图。另外需要注意的是：前视图和后视图在一个视角，所以观看前、后视图参考图就要利用视图立柱切换到相应的视图中，并在层面板控制前、后视图的显示开关。

按下Shift+鼠标右键，执行"多边形立方体（Poly Cube）"命令，创建一个多边形立方体，这个立方体将作为房子平台。

将多边形立方体在前视图进行缩放或者调节点，对位前视图中平台的厚（高）度和长度，再在顶视图缩放参考图（即摄影机）比例对位到立方体长度，这样顶视图就和前视图的比例一致了，然后调节立方体的点。即可得到平台宽度。再以平台的长、宽、厚（高）度为比例参考调整侧视图和后视图，即可完成参考图的统一比例，如图所示。

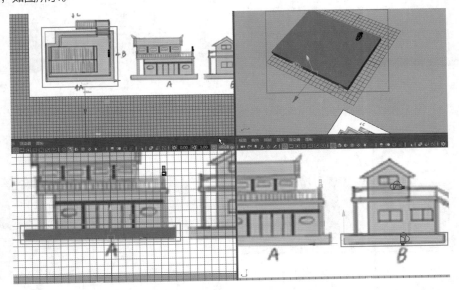

使用视图立柱来切换前、后视图，打开"显示ViewCube"面板后，视图中右上角就显示出"View-Cube"也叫视图立柱；开关视图立柱的设置在软件设置里面，如图所示。

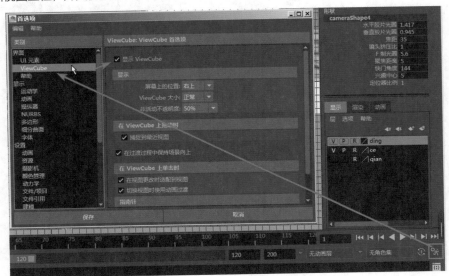

5.2 搭建房子框架

　　室外场景的制作重点是首先要搭建出建筑的大框架，有了大框架就确定了比例关系，然后再逐步添加细节。制作顺序就是先大后小，下面具体进行介绍。

01 复制平台并把底部点上移，搭建一层房间主体，如图所示。

02 在各视图中调整比例，如图所示。

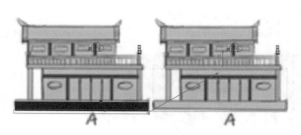

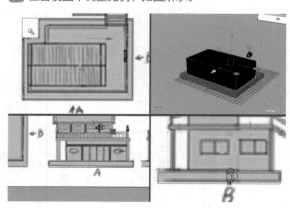

03 复制立方体，向上移动，调整为二层房间的比例大小，如图所示。

04 按下Ctrl+D快捷键，复制立方体制作二层平台，如图所示。

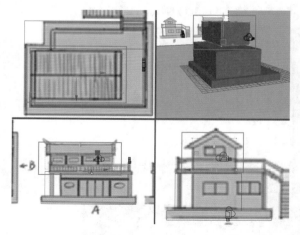

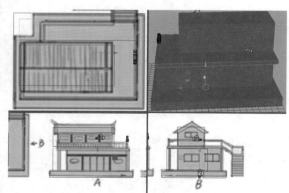

5.3 制作立柱和侧面窗户

　　下面开始制作立柱，首先按下Ctrl+D快捷键，复制一层房间立方体，调节比例制作立柱，如图所示。

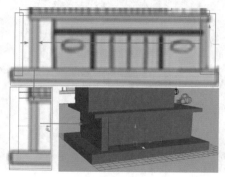

01 将薄立方体复制两次并分别以点调节出两个方形立柱,如图所示。

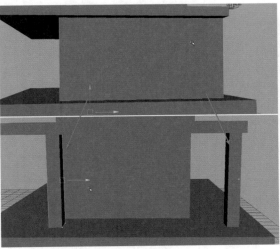

02 复制出其它立柱,如图所示。

03 下面逐一进行加细操作,先加细最近的立柱,如图所示。

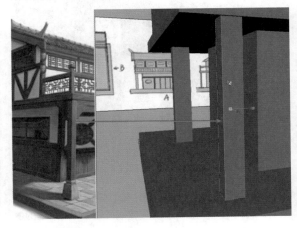

04 复制立柱,选点下移并调整比例为上窄下宽,如图所示。

05 给立柱用"插入循环边(Insert Edge Loop)"工具,加两条环线并"挤出(Extrude)面",如图所示。

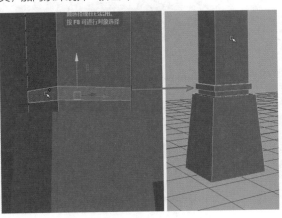

06 完成一个立柱后复制出其它相同立柱,如图所示。

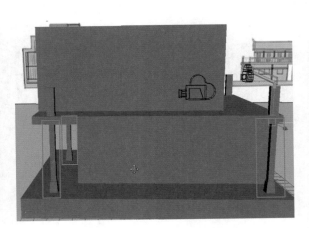

07 接着制作二层栏杆立柱，先用"插入循环边（Insert Edge Loop）"工具，加两条线并"挤出（Extrude）面"，如图所示。

08 完成后复制出其它相同的立柱，如图所示。

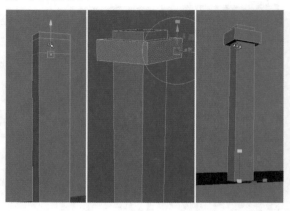

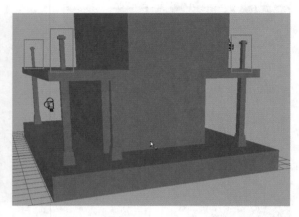

09 复制二层平台，调整模型上的点以缩小，制作立柱横梁，如图所示。

10 "插入循环边（Insert Edge Loop）"，向下移动点，如图所示。

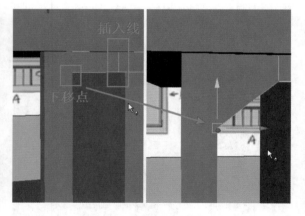

11 再插入线并选点，通过缩放工具将其调整为水平状态，如图所示。

12 做好横梁后镜像，按下Ctrl+D快捷键，复制一个横梁，在右侧属性通道栏中的缩放属性栏中输入X轴的值为-1，将模型镜像到另一侧并对齐，注意外面不要凸出于立柱，如图所示。

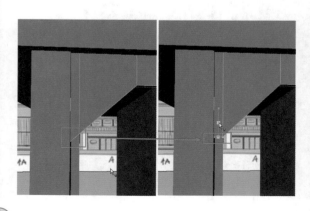

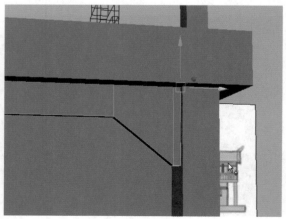

13 复制到房子侧面并对齐，注意外面不要凸出于立
柱，如图所示。

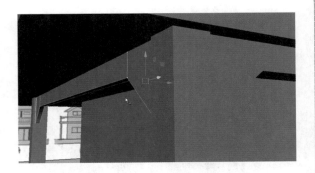

14 复制立柱，删除底座放置到侧面墙角，再复制另一根并对位，如图所示。

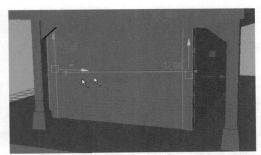

15 继续复制并旋转调整对位到房子侧面，如图所示。
注意：建筑一类的构造，能复制的就复制，这就是通常
所说的"就地取材"。

16 为了方便观察，选择所有模型，按Shift+鼠标右键，执行"软边或硬边（Soften/Harden Edge） > 软边
（Soften Edge）"命令，如图所示。

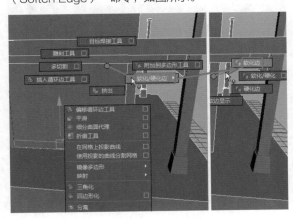

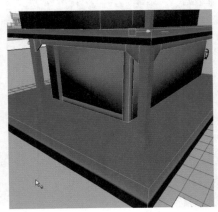

17 复制获得窗台横木，如图所示。

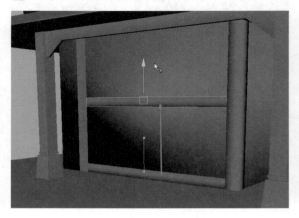

18 复制获得正面横木，如图所示。

19 为了便于区分观察，我们可以给模型制定不同的颜色，选择立柱和横梁，单击鼠标右键，选择"指定收藏材质>Lambert"命令，单击颜色块，用吸管在参考图上吸取颜色，这样就指定了颜色。也可以在"调色器"上任意选择一个颜色来指定，如图所示。

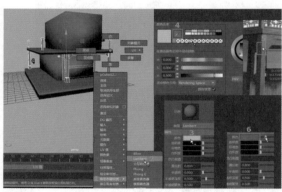

20 用"复制面（Duplicate Faces）"工具，复制侧面墙面来制作窗户，如图所示。

21 将面调整好比例，然后执行"挤出（Extrude）"命令，如图所示。

22 完成挤出面后，用缩放方式微缩后再次挤出得到窗框，如图所示。

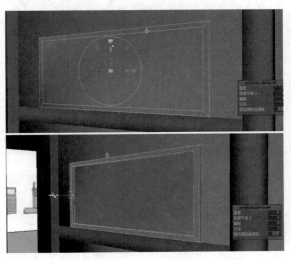

23 用"复制面（Duplicate Faces）"工具复制窗框面，如图所示。

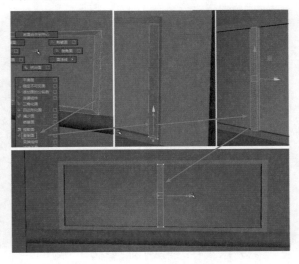

24 复制窗框面并执行"挤出（Extrude）"命令，获得雨棚，如图所示。

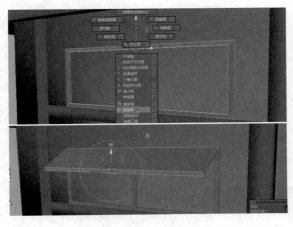

25 复制雨棚以点调成两个，如图所示。

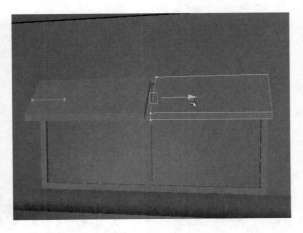

26 复制窗框，然后调整模型的点，使其成为雨棚的支撑杆，如图所示。

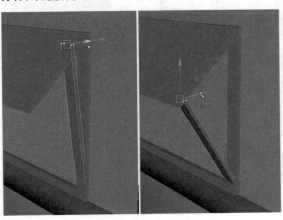

27 复制出另一根支撑杆，完成的窗户制作，如图所示。

28 按下 Shift+ 鼠标右键，执行"多边形球体（Poly Sphere）"命令，创建球体，更改参数来制作酒坛子，如图所示。

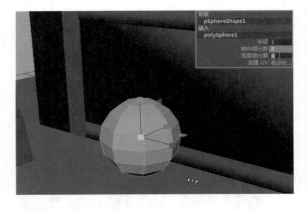

29 在点模式下，单轴缩放压平球体底部，再使用缩放工具、倒角（Bevel）工具进行修改，如图所示。

30 将酒坛颈部环线"倒角（Bevel）"、"插入循环边（Insert Edge Loop）"后，按下键盘上的B键（即打开软选择，再按B键即关闭）缩小酒坛颈部，酒坛底部插入循环边卡边，如图所示。

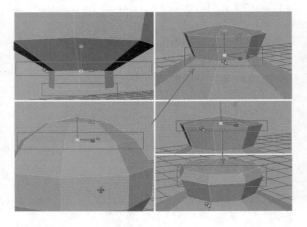

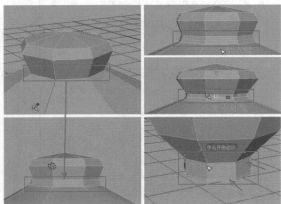

31 完成房子一层侧面，如图所示。

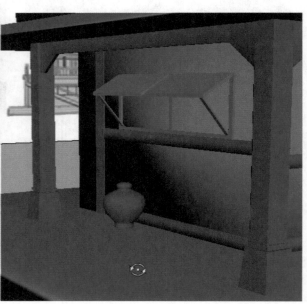

5.4 制作房子正面

　　房子正面与房子侧面的制作方法和思路是一样的，就近复制面、复制相似物体，就地取材。类似的场景都可以这样制作，所以后面的制作步骤会简略些。

　　选择房子前面的模型"插入循环边（Insert Edge Loop）"并规划前门比例，如图所示。

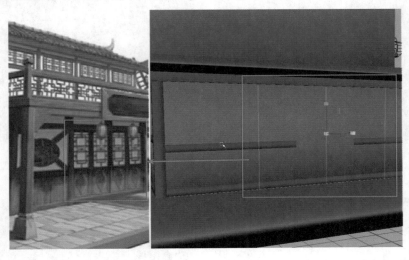

01 把门扇面提取（Extract）出来并删除一半，如图所示。

02 1挤出面做门框、2窗棂是单面、3调节横木、4放置墙边门框，如图所示。

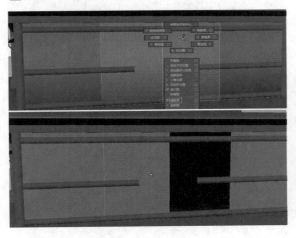

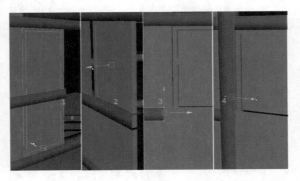

03 做好一扇门并连同立木一起选择，然后按Ctrl+D快捷键进行复制，在右侧属性面板缩放的x轴中输入-1，进行镜像复制，如图所示。

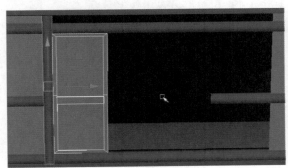

04 复制出中间两扇门，如图所示。

05 按Shift+鼠标右键，执行"多边形柱体（Poly Cylinder）命令，创建圆柱体，制作圆窗，如图所示。

06 插入"循环边（Insert Edge Loop）"、"提取（Extract）中间面"、"挤出（Extrude）"厚度，如图所示。

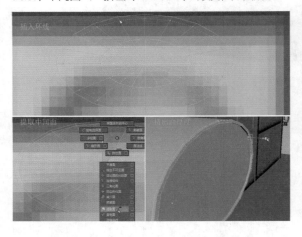

07 用柱体上的面"挤出（Extrude）"叉形木板，如图所示。

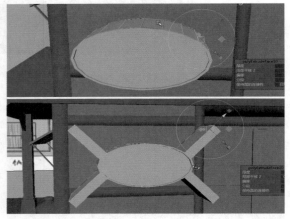

08 按下Ctrl+D快捷键，复制木条组装窗棂，如图所示。

09 完成一层房子正面模型，如图所示。注意：门上的细小窗棂、墙裙部位的竖向木条一般用贴图来表现，为了练习模型，圆窗部位也大一些，所以窗棂可以做出来，实际上圆窗部位连同叉形木条可以用一个面贴图来表现。

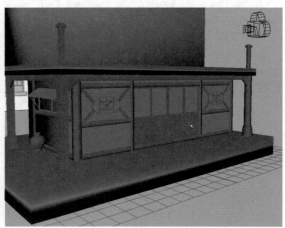

10 复制一层平台并缩小比例，制作地毯，如图所示。

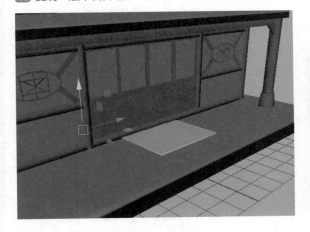

11 复制二层平台制作牌匾，如图所示。

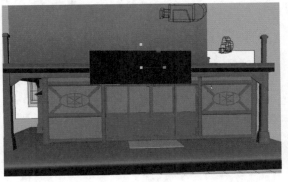

12 给牌匾使用插入"循环边（Insert Edge Loop）"工具加线，然后删除中间的线，得到切角长方形，如图所示。

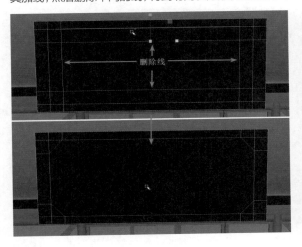

13 把切角面向内"挤出（Extrude）"，如图所示。

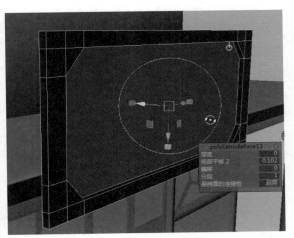

14 选中该面，按下Shift+鼠标右键，执行"面法线>反转法线"命令，完成牌匾制作，如图所示。

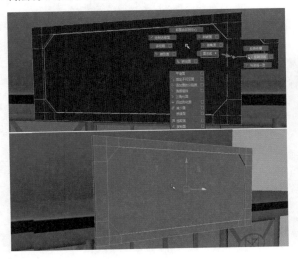

15 创建"多边形球体（Poly Sphere）"来制作灯笼，如图所示。

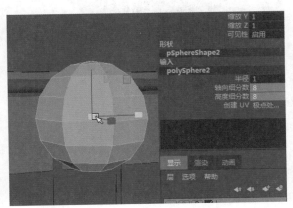

16 使用缩放工具制作灯笼主体，如图所示。

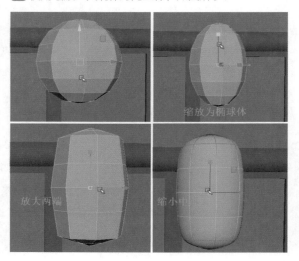

17 将灯笼上端"挤出（Extrude）"并用"插入循环边（Insert Edge Loop）"工具卡线、缩放凸起，如图所示。

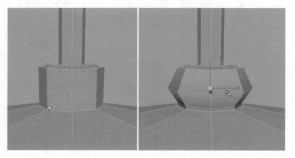

18 将灯笼下部挤出面，并在灯笼处单击鼠标右键，执行"颜色拾色器>选择红色"命令，如图所示。

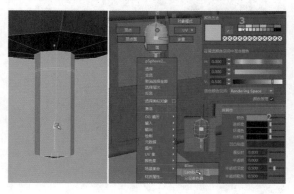

19 复制并摆放灯笼到牌匾下面，如图所示。

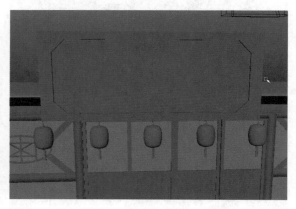

20 复制平台，将前端上部边删除来制作台阶造型，如图所示。

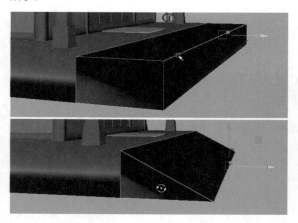

21 将其沿一侧挤压"缩窄"后，用"插入循环边（Insert Edge Loop）"工具加线，如图所示。

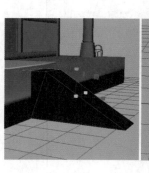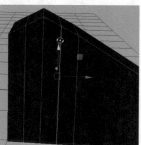

22 调节成半圆弧形态，如图所示。

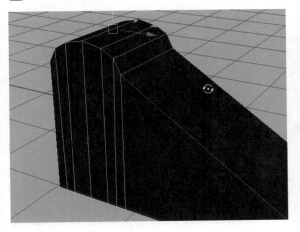

23 复制两个后完成造型，如图所示。

24 用"创建多边形（Create Polygon）"工具，勾画台阶侧面，然后进行"挤出（Extrude）"，如图所示。

25 删除多余面并摆放好位置，完成台阶制作，如图所示。

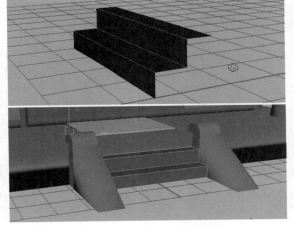

26 复制立柱并施加平滑命令，选边进行"挤出（Extrude）"，以制作旗杆和幌子，如图所示。

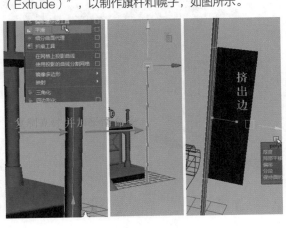

27 下端木条两端加线定型后施加"平滑（Smooth）"命令，将上端的木条调点至尖锐，与旗杆一起摆放成三角形态，如图所示。

28 布幌子用"插入循环边（Insert Edge Loop）"工具，加线调节形状，如图所示。

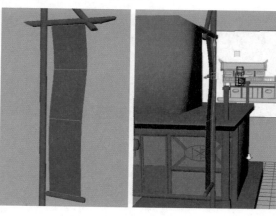

29 制作固定幌子的绳子，如图所示。

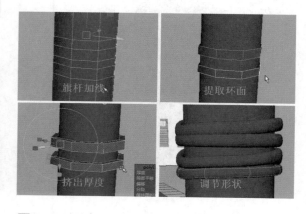

旗杆加线　　提取环面

挤出厚度　　调节形状

30 断开绳子并"挤出（Extrude）"，如图所示。

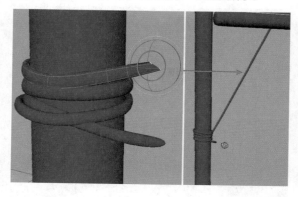

31 复制立柱后，留下底部制作石头，如图所示。

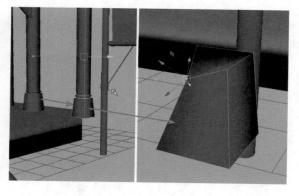

32 给石头施加平滑命令并摆出堆放在一起的形态，如图所示。

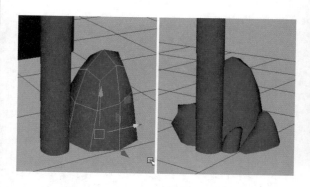

33 完成房子一层前面效果的制作，如图所示。

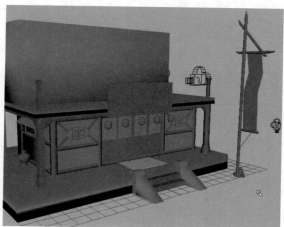

5.5 制作二层栏杆和侧面

二层的平台栏杆只做主要的横木和立柱，至于古式木条窗格本身就没什么特殊难度，通常也是用面片加透明贴图表现。复制一层横木上移到二层平台，效果如图所示。

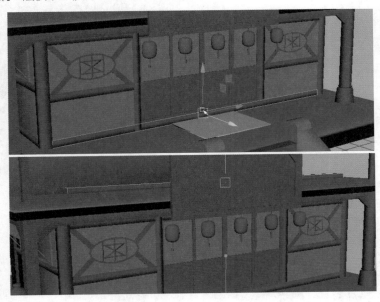

01 上下各一根横木，中间是单层面片，如图所示。

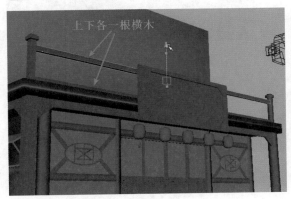

02 复制栏杆并摆放到其它位置，如图所示。

03 将上层立方体加线选点调节出房山，如图所示。

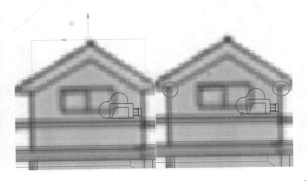

04 挤出面并调点对位，如图所示。

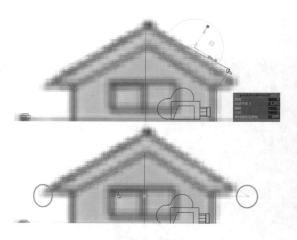

05 复制一层窗户和立木并摆放位置，如图所示。

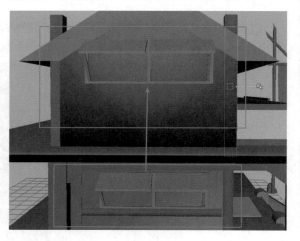

06 基本完成二层房子侧面，如图所示。

07 制作房山头造型，如图所示。

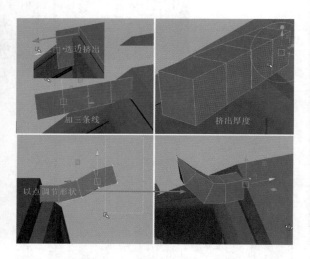

08 给造型倒角边以加强硬度，如图所示。

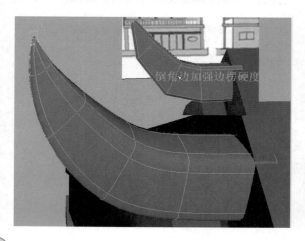

09 完成二层房子的全部侧面，如图所示。

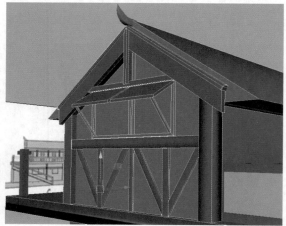

5.6 制作瓦片和侧门

瓦片的制作思路是先制作两三片，然后把这两三片瓦片调整好交错关系后再进行复制。

给屋脊加线定位两片瓦的比例，然后加线调点隆起，如图所示。

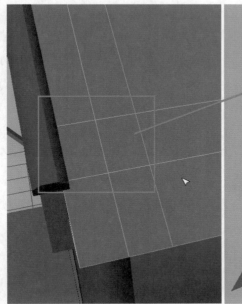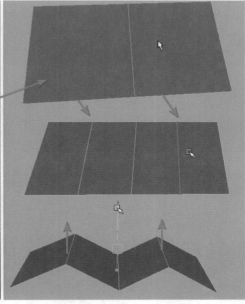

01 将三个瓦片两个朝下一个朝上，然后挤出厚度，如图所示。

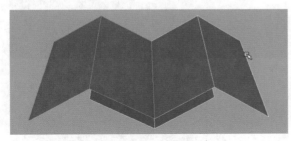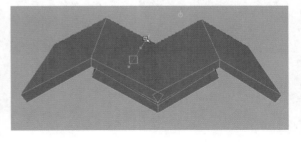

02 给瓦片卡线并调整好关系，如图所示。

03 向上复制到顶部再横向复制，如图所示。

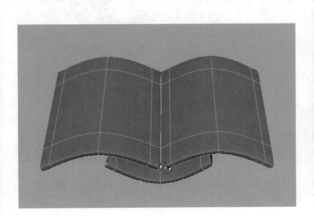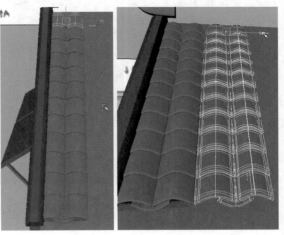

04 将前面的瓦片复制到后面，如图所示。

05 顶面也是一片压一片，如图所示。

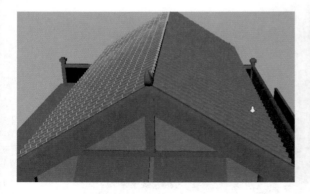

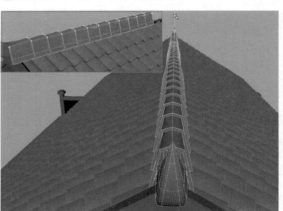

06 复制顶部造型来制作前面的造型，如图所示。

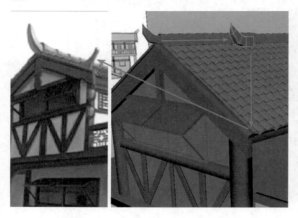

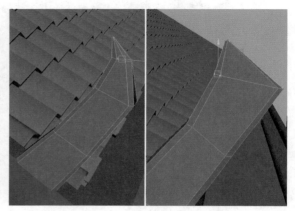

07 复制一层门框到二层窗户并修改比例，如图所示。

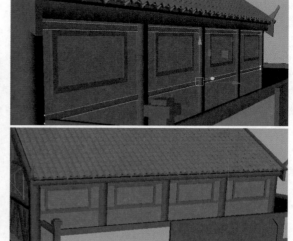

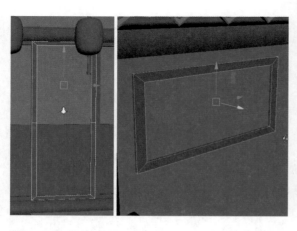

08 复制灯笼并修改成上下两个一组并摆放到二层，如图所示。

09 用木条复制拼装梯子并旋转角度摆放位置，如图所示。

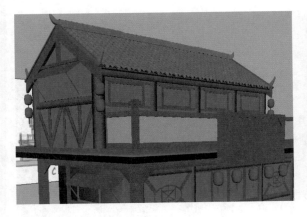

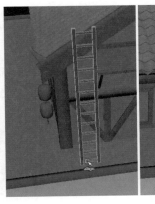

10 复制木条搭建侧门部位，如图所示。

11 将前门复制到侧门，如图所示。

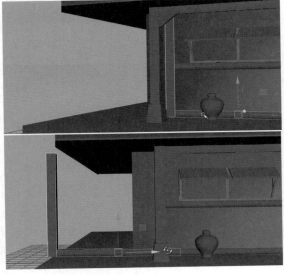

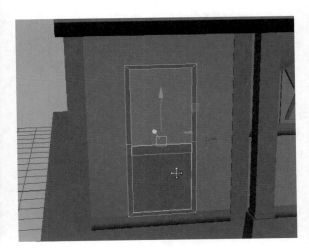

12 侧门造型操作，如图所示。

13 制作雨篷，如图所示。

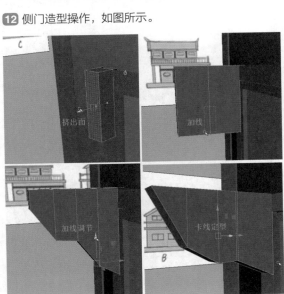

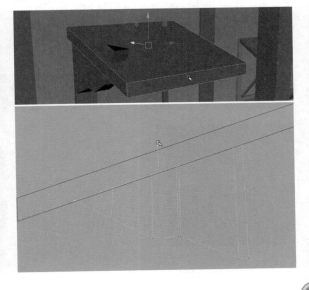

14 完成侧门效果，如图所示。

15 复制左侧窗户到右侧，如图所示。

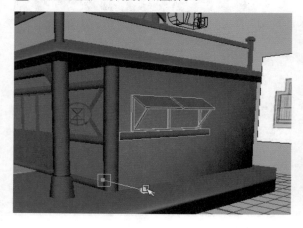

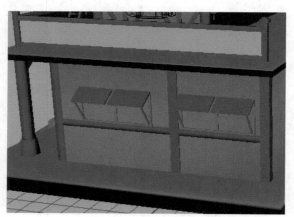

5.7 制作后面楼梯和窗户

01 在层面板中打开后视图的显示开关，关闭前视图的显示开关，如图所示。

02 单击软件右下角的首选项设置图标，如图所示。

03 打开"首选项"对话框，选择ViewCube选项并勾选"显示ViewCube"复选框，单击"保存"按钮，如图所示。

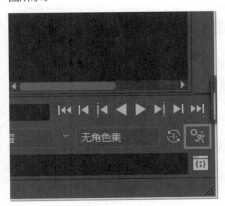

04 视图中右上角就显示出ViewCube，也叫视图立柱，如图所示。

05 单击左侧箭头两次，即可切换到后视图，如图所示。

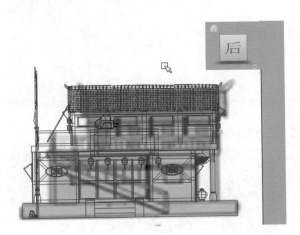

06 下面参考后视图制作楼梯，首用创建多边形工具画出倾斜的栏杆和栏杆立柱，如图所示。

07 选中栏杆的边进行挤出并删除多余的面，如图所示。

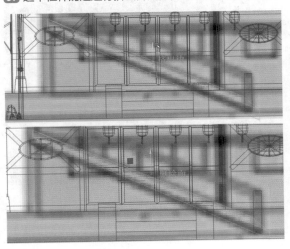

08 将栏杆和立柱挤出相应的厚度，如图所示。

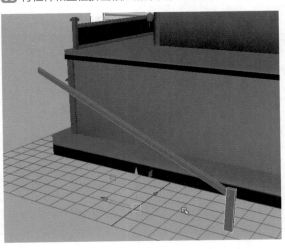

09 将现成的二层栏杆立柱直接复制过来进行对位，如图所示。

10 复制栏杆和立柱在侧视图中进行对位，如图所示。

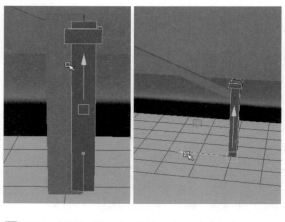

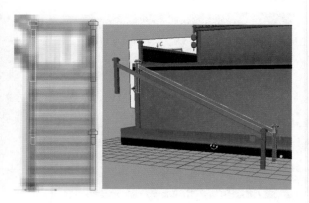

11 复制一根栏杆并框选下侧边，向下移动到底平面，沿Y轴缩放使其呈水平状态，如图所示。

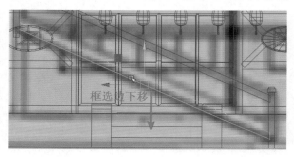

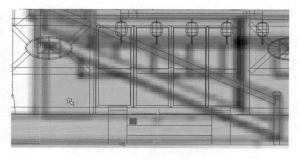

12 选择缩平底面的物体，按Shift+鼠标右键，选择"插入循环边工具"后面的小方块，勾选"多个循环边"复选框，在"循环边数"数值框中输入6，然后给物体多次插入循环边，如图所示。

13 选择点后，先向下移再向左移，如图所示。

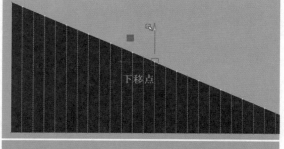

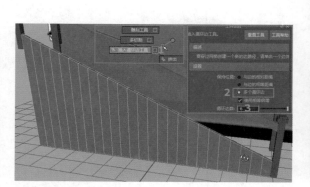

14 只选择台阶的面，按Shift+鼠标右键，执行"提取面"操作，如图所示。

15 即可得到我们所要的台阶面，如图所示。

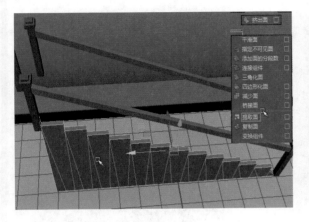

16 在侧视图选点调节，如图所示。

17 完成一面楼梯，如图所示。

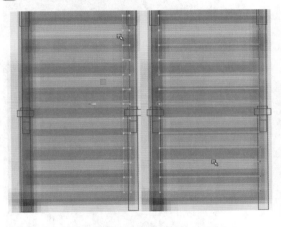

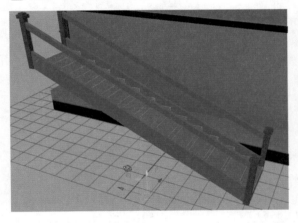

18 将整个楼梯进行复制并旋转角度拼接到二层平台，如图所示。

19 选择栏杆立柱和台阶，按Shift+鼠标右键，执行"结合（Combine）"命令成一个物体，再按Shift+鼠标右键，执行"多切割"命令参考图上进行竖向切割，如图所示。

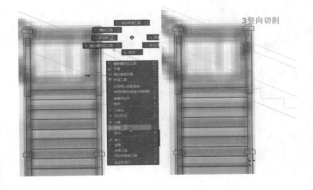

20 删除多余面后，效果如图所示。

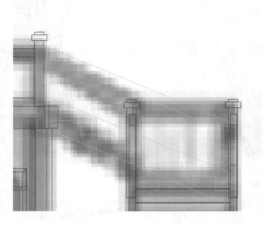

21 然后复制栏杆拼接楼梯拐角，如图所示。

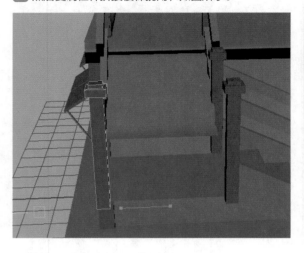

22 拼接连接二层平台的短楼梯，如图所示。

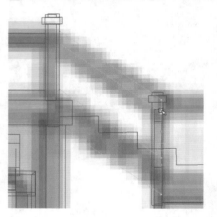

23 拼装完成拐角部位，如图所示。

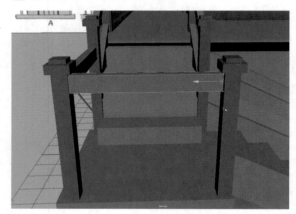

24 完成整个楼梯，效果如图所示。

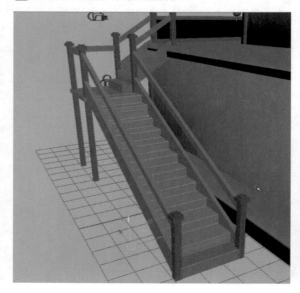

25 复制房子前面的栏杆到后面并摆放至合适的位置，如图所示。

26 复制房子前面的门到后面并摆放至合适的位置，如
图所示。

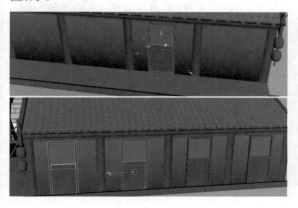

27 复制房子前面的窗户到后面并摆放至合适的位置，
如图所示。

28 完成整个房子后面的制作，如图所示。

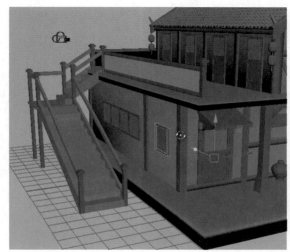

5.8 完善并整理模型

　　下面进入模型的完善整理，首先要对图进行检查，看看缺少的构件，核对比例等等。后侧门少一个东西，复制一个灯笼进行修改，如图所示。

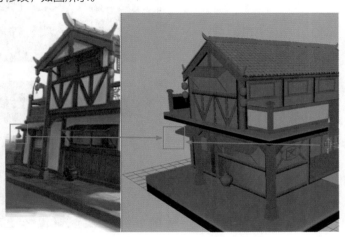

01 删除灯笼下部，如图所示。

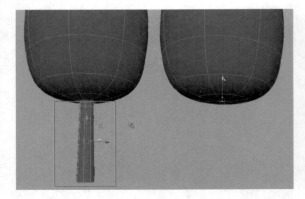

02 把灯笼上部缩小，下部放大，如图所示。

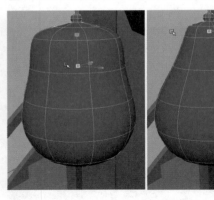

03 选择缩平底面的物体边，如图所示。

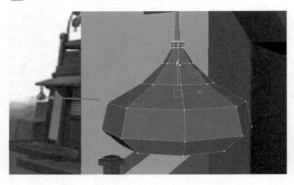

04 发现少一截栏杆，如图所示。

05 复制前面的栏杆到后面，如图所示。

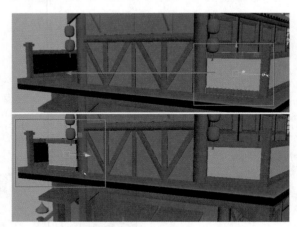

06 对位栏杆，如图所示。

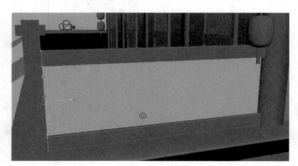

07 后侧门平台有个缺角，并且平台厚度也需要再调薄一些，如图所示。

08 给缺角部位加线，如图所示。

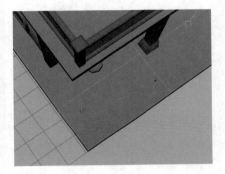

09 选择切角部位的线并删除，如图所示。

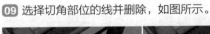
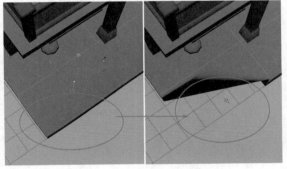

10 使用"多切割"工具进行连线，如图所示。

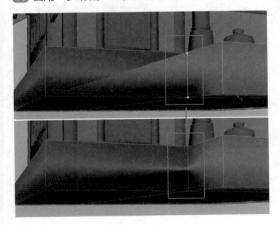

11 框选除了楼梯靠近底层平台的物体，一起选点下移，如图所示。

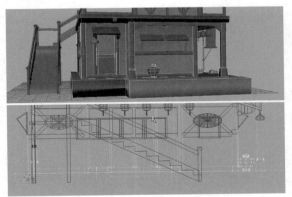

12 前面台阶也进行比例调整，如图所示。

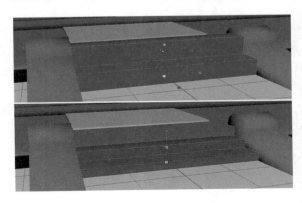

⑬ 反复细致检查完成整理后效果，如图所示。

Chapter

06

卡通男孩角色模型

本章知识点

对于角色模型来说，通常分为卡通风格和写实风格两种。实际上卡通的角色会有很多风格，有Q版的、有偏唯美的、有偏写实的，形象也是多种多样，各有特点，运用提炼、概括、夸张、变形等手法来进行角色的表现。本章是以Q版，大头偏写实的手脚（鞋子）的卡通男孩为参考，用Maya软件强大的多边形建模功能，从头到脚，进行完整的模型制作演示与讲解。

6.1 卡通男孩

经过前面的基础学习，我们已经学习了道具、场景的制作方法，掌握了常用的建模工具，接下来我们进入卡通角色模型的学习。

卡通男孩参考图和制作好的模型，如图所示。

拿模型来讲，不管是卡通角色还是写实角色，重要的就是造型能力、布线能力以及正确的制作思路和方法。这些能力怎样才能提高呢？多做多练！有什么窍门吗？有！多做多练！场景、道具、角色、服装，各种类型的模型都要多做，做多了，就有自己的思路和方法了。

有时候我们在制作模型时，会经过一个阶段，就是做着做着，总是进入"误区"，越做越费劲，越做越吃力，还越做越不像，最后不得不返工重来！这就是制作思路错误，方法不对。这个阶段就是做得不够多，还没有形成自己的经验。

所以制作思路和方法是很重要的，在拿到参考图或者想要做一个模型时，分析出一个好的制作思路至关重要，这个能力就是多做、反复练习得来的，即我们常说的制作经验。

另外，制作同样的一个模型，除了常用的那几个工具一样，每个人的制作方法都不相同，制作顺序也不同，大多是先做头部，再做躯干、四肢和手脚；有的是从头到脚先把大型做出来，再逐步加细。

总体来说，实现方法在初级阶段可以归纳成两种：一种是整体到局部，一种是局部到整体。做多了，我们就可以根据不同的造型、不同部位的造型来采用不同的方法，两种结合，哪种方法更快更好，就运用哪种方法。

6.1.1 制作模型的准备工作和工具

模型制作前的准备工作非常重要，比如制作前要准备尽量多的参考图，以把握角色的风格特点；参考图的比例、角度的标准度，以方便准确的参考；模型模块的标准流程工序：建立工程目录，以科学合理的方式管理文件。

本章会用到或可能涉及到的工具及命令有：平滑命令、切换背面消隐、创建多边形工具、挤出边、多切割工具、插入循环边、倒角边工具、指定新材质、合并、合并顶点到中心、填充洞工具、挤出工具、绘制工具、雕刻工具、软选择工具、复制面、法线、插入循环边工具、镜像切割、提取面、CV曲线工具等。

6.1.2 制作分析

首先分析一下卡通男孩模型的制作思路：先用一个立体盒子配合"平滑"命令制作头部大型，这样可以省掉很多调节的时间，眼睛、鼻子、嘴巴分开做，然后再缝合。这样做是因为初学者布线能力差，如果总是插入一圈圈的线，对于初学者难度很大。分步来做出眼睛、鼻子以及嘴巴，成型快、难度小，耳朵是直接挤出，脖子、躯干、四肢、手脚是从大型到加细的一个制作思路。

6.1.3 工程目录和导图

01 拿到参考图制作模型之前，首先要创建工程目录，但是流程上可以稍微变通，以提高速度。直接在参考图上右键单击，选择"复制"命令，如图所示。

02 打开软件Maya 2016，默认标题栏如图所示。

03 然后执行"文件>项目窗口（File>Project Window）"命令，如图所示。

04 即打开了项目设置窗口，如图所示。

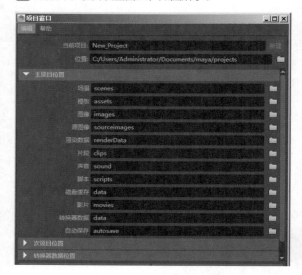

05 设置工程路径，一般要起一个"work"的文件名称，不要把路径设置在C盘，如图所示。（这里的路径大家可以根据自己电脑的情况设置）

06 单击"新建"按钮，在"当前项目"文本框中输入要创建的项目名称，如图所示。

07 单击"接受"按钮，如图所示。

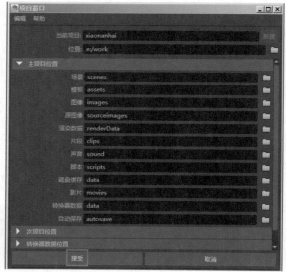

08 选择"文件 > 递增并保存"选项，如图所示。

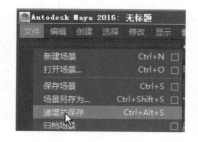

09 输入场景文件名称，如图所示。

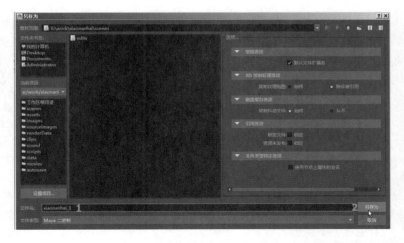

10 至此，工程目录已经建好，在标题栏显示了路径及场景文件名称，如图所示。

11 接下来用新建的摄影机导入图片，这样调节对位会更加灵活方便。在菜单栏中执行"创建 > 摄影机 > 摄影机"（Create > Cameras > Camera）命令，创建一个"摄影机"，如图所示。

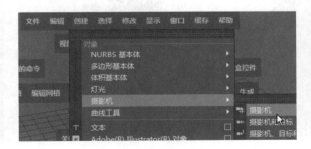

12 在选择摄影机状态下，执行Ctrl+A快捷命令，打开相机属性窗口，在"环境"选项区域中单击"创建"按钮，如图所示。

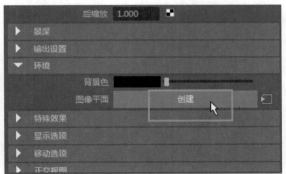

13 再单击"浏览图像"按钮，如图所示。

14 在"打开"窗口的空白位置单击鼠标右键，选择"粘贴"命令，如图所示。

15 在已粘贴过来的图像上双击,打开图像,如图所示。

16 在前视图移动相机X轴,使男孩中线位置对齐到世界坐标中心,如图所示。

17 再次新建摄影机,并重复上述操作,在侧视图也进行对位,如图所示。

18 取消前、侧视图的网格显示,如图所示。至此完成制作前的准备工作。

6.2 制作角色的头部

制作头部的思路前面已经说过,用立方体盒子调节大形,边"平滑"边对图,大形完成的效果如图所示。

6.2.1 头部大型

01 按Shift+鼠标右键，执行"创建多边形（Create Polygon）"命令，创建立方体盒子，前视图对位如图所示。

02 侧视图调节立方体的点，按照参考图对位，如图所示。

03 按Shift+鼠标右键，执行"平滑（Smooth）"命令，对模型进行平滑操作，效果如图所示。

04 再次调整多边形模型，配合"软选择"工具（选择点线面状态下按B键即打开，再按B键即关闭），在前视图调节效果，如图所示。

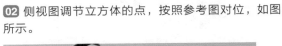

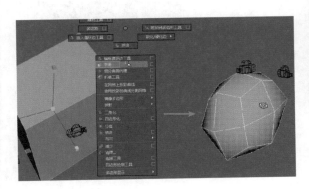

05 侧视图调节效果如图所示。

06 再次对模型施加"平滑（Smooth）"命令（操作方法同上），效果如图所示。

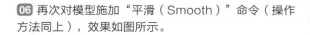

07 配合"软选择"工具，参考角色参考图，调整模型，完成的效果如图所示。

08 再次施加"平滑（Smooth）"命令并调节前、侧视图，效果如图所示。

6.2.2 眼窝和眼睛的制作

1. 移动眼窝位置的点

01 这部分重点是眼皮对位，要放大视图并且仔细对位。选择头部左侧一半的面，然后删除，效果如图所示。

02 直接在模型上单击鼠标右键，执行"多边形显示>切换背面消隐"命令，如图所示。

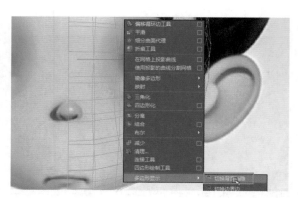

140

03 在前视图中选择眼睛部位点并进行调节，效果如图所示。

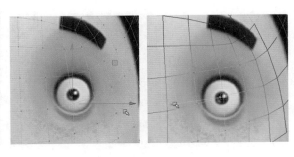

04 在侧视图中移动眼窝位置的点，效果如图所示。

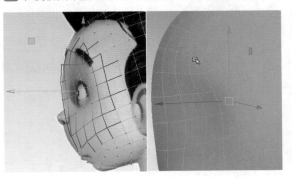

2. 勾画"眼皮"边缘线

01 在前视图中，按Shift+鼠标右键，执行"创建多边形（Create Polygon Tool）"命令，如图所示。

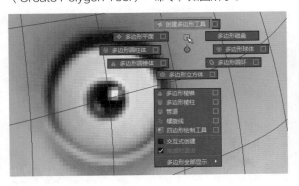

02 在前视图中，沿着参考图的眼眶边界，左键单击创建"眼皮"模型，效果如图所示。

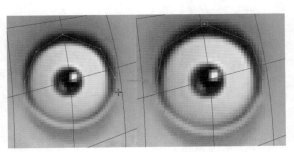

03 以前、侧视图相结合，调点对位，效果如图所示。注：前视图移动X、Y轴对位后，侧视图只调Z轴！

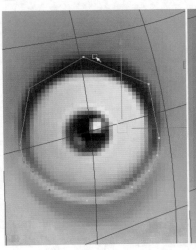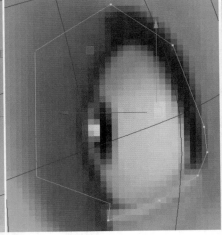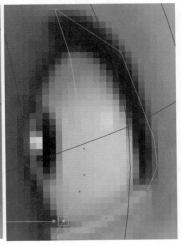

04 在透视图中调节头部大型，眼窝部位点，贴附接近上面勾画的"眼皮"，效果如图所示。

05 选择眼窝部位面并删除，再调整点的位置，效果如图所示。

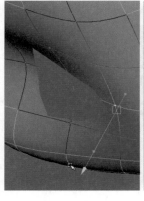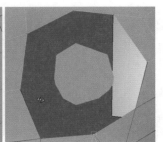

3. 挤出"眼皮"边缘的边

01 选择"眼皮"边缘的边，按Shift+鼠标右键，执行"挤出（Extrude）"命令，如图所示。

02 调节挤出扩大的外缘线，以接近头部大型，如图所示。

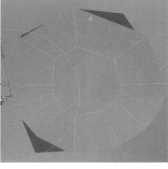

03 删除"眼皮"内侧部位的面，效果如图所示。

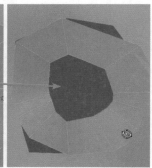

4. 创建球体以作眼球

01 按Shift+鼠标右键，执行"多边形球体（Poly Sphere）"命令，创建球体作为眼球，并在前、侧视图摆放位置，效果如图所示。

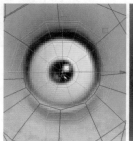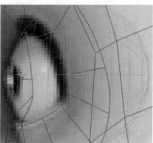

02 将"眼皮"模型以眼球为参考进行细致的对位调节，效果如图所示。

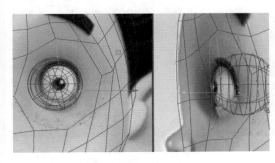

04 选择"眼皮"模型，按Shift+鼠标右键，执行"插入循环边（Insert Edge Loop）"命令，在"眼皮"边缘部位插入两根环线，效果如图所示。

03 选择"眼皮"模型的内边缘线，进行三次左右挤出边操作，效果如图所示。

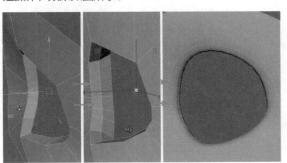

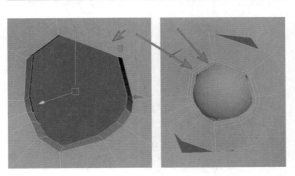

6.2.3 制作鼻子

1. 勾画鼻子定型线

01 在侧视图中，用创建多边形工具勾画鼻子定型线，如图所示。（使用的创建多边形工具可参考制作眼睛模型部位时的操作）。

02 用"插入循环边（Insert Edge Loop）"命令增加线，调整点的位置、对位鼻子轮廓，如图所示。

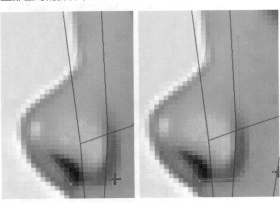

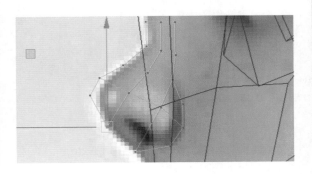

03 全选鼻子轮廓面片，按Shift+鼠标右键，执行"挤出（Extrude）"命令，进行挤出操作，效果如图所示。

04 选择中线上的面、顶端的面、与脸部交接的面并删除，如图所示。

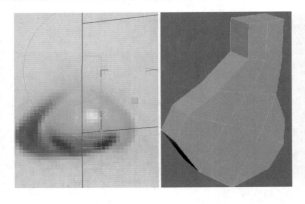

05 选择鼻梁上的棱线向下压一下，如图所示。

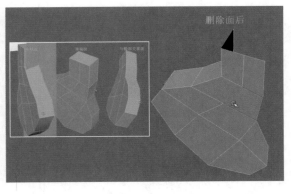

06 选择鼻子外边缘的线，在前视图中向右移动调节，如图所示。

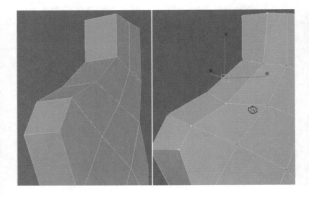

07 再在各角度对鼻子模型进行调节，效果如图所示。

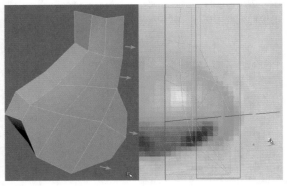

08 对鼻翼部位进行反复调节，如图所示。注意：鼻翼的"半圆形"和"凸起"形状。

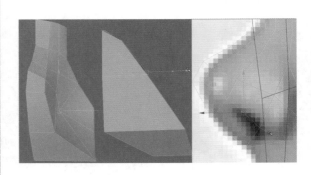

2. 鼻孔部位塑形

01 选择鼻孔部位的面，执行"挤出（Extrude）"命令，进行挤出并缩小面操作，如图所示。

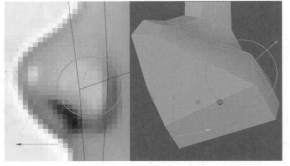

02 删除鼻孔部位的面，并对点进行调节和整理，如图所示。

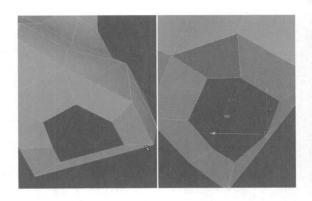

03 选择鼻孔的边向内"挤出（Extrude）"两次，然后按下Shift+鼠标右键，执行"合并点>合并到中心（Merge Vertices > Merge Vertices to Center）"命令，如图所示。

04 对鼻子进行调节后的效果如图所示。

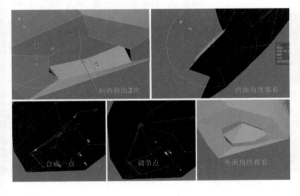

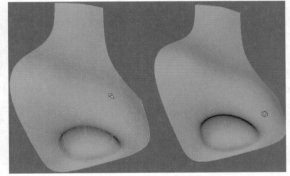

6.2.4 制作嘴巴

接下来制作嘴巴模型，嘴巴的制作步骤大致是，用创建多边形工具直接勾画嘴巴外缘定型线，然后处理面，以前、侧视图相结合来进行对位，用"挤出边"方式得到向外扩展的环形面。

1. 勾画嘴巴外缘定型线

01 用创建多边形工具直接勾画嘴巴外缘定型线，如图所示。

02 使用"多切割（Multi-Cut）"工具把面切开，效果如图所示。

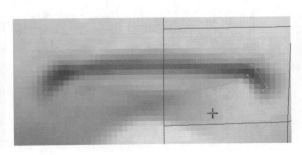

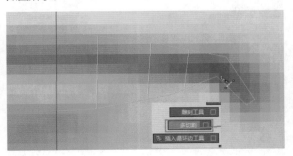

03 删除多余点并整理对位，如图所示。

04 前、侧视图结合调点对位，如图所示。

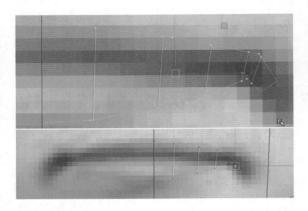

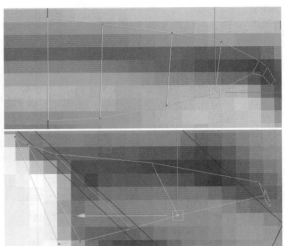

05 在透视图中进行相应的调节，效果如图所示。

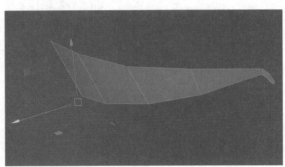

2. 创建嘴唇定型线

01 选择嘴唇模型，按Shift+鼠标右键，执行"插入循环边（Insert Edge Loop）"命令，在唇缝处加一根线，并调节进行，如图所示。

02 选择唇缝的线，按Shift+鼠标右键，执行"倒角（Bevel）"命令，倒成两根，如图所示。

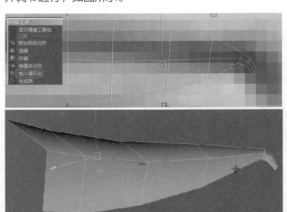

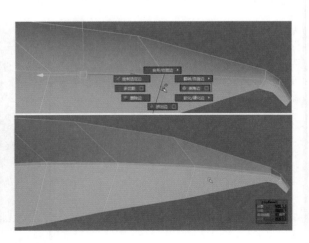

03 删除多余点，使嘴角的面皆为四边面如图所示。

04 选择嘴缝部位的面，进行"挤出（Extrude）"操作，如图所示。

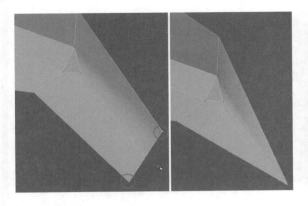

05 效果如图所示。

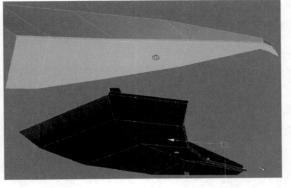

06 选择嘴唇外边并进行挤出，如图所示。

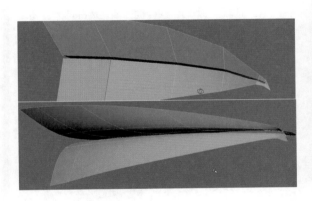

07 在前视图中调点对位，如图所示。

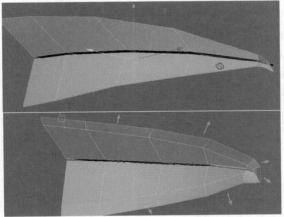

08 前、侧视图结合，调点对位，如图所示。

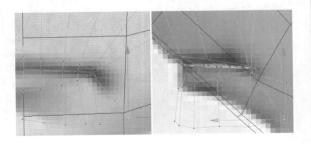

09 按Shift+鼠标右键，执行"插入循环边（Insert Edge Loop）"命令，在嘴巴模型上插入循环边，如图所示。

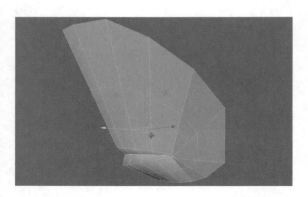

10 在侧视图中调节嘴角：唇下往内调，唇上往外调，对位效果如图所示。

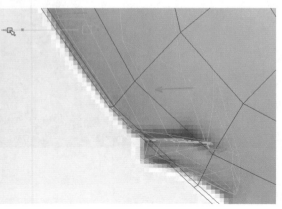

11 执行"倒角（Bevel）"命令，把嘴唇定型线倒角成两根，如图所示。

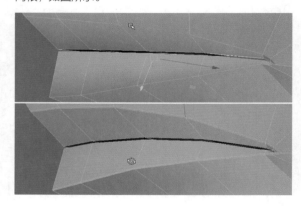

12 嘴唇应该是丰满的，同样插入循环边并调节，如图所示。

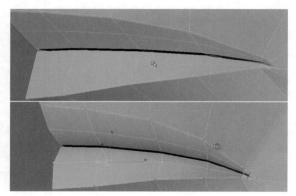

6.2.5 合并头部

眼睛、鼻子、嘴巴制作完成后，接下来是与头部大型合并到一起。为了方便缝合，先把头部大型指定为其他颜色。

01 直接在头部大型模型上单击鼠标右键，在弹出的菜单中执行"指定新材质>Labmert>颜色"命令，在弹出的颜色选择窗口中，调节一个颜色给模型，如图所示。

02 选择眼睛、鼻子、嘴巴与头部大型，按Shift+鼠标右键，执行"合并"命令，如图所示。

03 将几个模型"合并"成一个模型，效果如图所示。

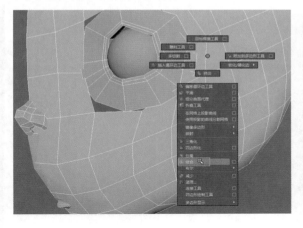

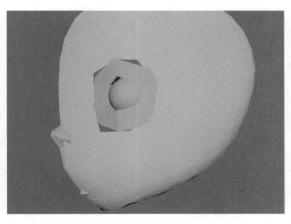

6.2.6 头部模型缝合及布线处理

头部的布线一定要符合制作动画的要求，惯常的规则是进行必要的环线处理：眼睛、嘴巴周围是环状的，即常说的三大环；由于提唇肌对嘴部有带动作用，所以嘴巴周围也有环线圈绕到鼻子上；颧骨位置通常会有一个"五角花"，亦叫"五星点"，即一个点连着五条边。三环线区域尽量不要有五星点、非法面（Maya里对多于四边的面叫非法面），具备了这些要求，才算一个合格的动画模型。

01 这些布线规则也是一个模型师布线能力的体现，在实际操作中，可以通过连线、加减线、改线等方法来实现，这些能力需要不断练习、长时间积累。本例对于线的规划，如图所示。

02 在前视图中，默认模型的前后边线都能看到，这样处理起来不方便，我们可以选择物体，按下Shift+鼠标右键，执行"多边形显示>切换背面消隐"命令，以便只处理前面的点线面，如图所示。

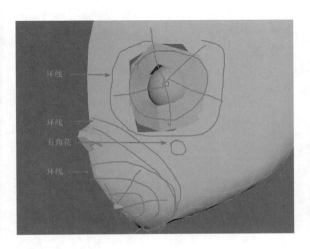

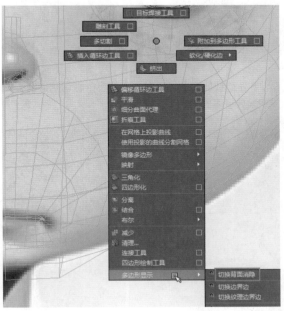

03 选择头部模型，按下Shift+鼠标右键，执行"多切割
（Multi-Cut）"命令，用"多切割"工具将头部大型
上嘴巴部位的面进行切割连线，如图所示。

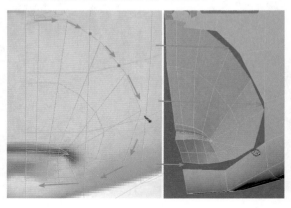

04 对鼻子部位进行同样的处理，如图所示。

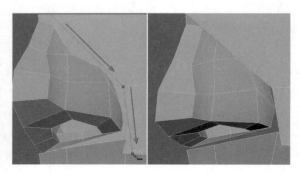

05 然后选择要缝合的点，使用"合并顶点到中心"工
具就近进行缝合，操作时根据点线的需要随时以"多切
割"来加减线，如图所示。

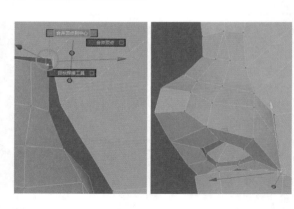

06 缝合完成后重新指定默认的兰伯特材质球，如图
所示。

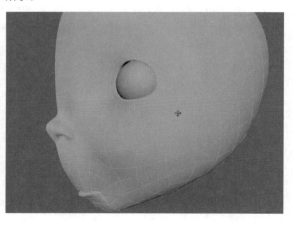

07 下面继续处理布线，有些部位要刻意切割连线，如
圈绕起鼻子嘴巴的环线，如图所示。

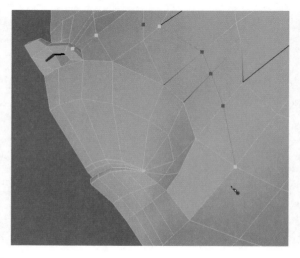

08 为了更好地处理布线，可以把耳朵和鼻子部位的面
先删除，如图所示。

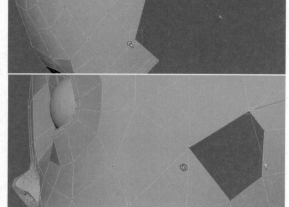

09 根据前面阐述过的布线规则，反复调节布线效果，如图所示。

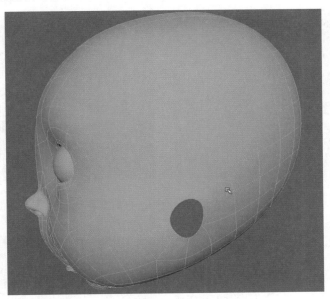

6.2.7 制作耳朵

01 选择耳朵部位的边，使用"填充洞"工具，将耳朵"洞"填充，如图所示。

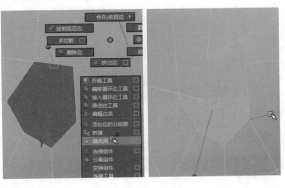

02 选择耳朵部位的面进行挤出并调节对位，效果如图所示。

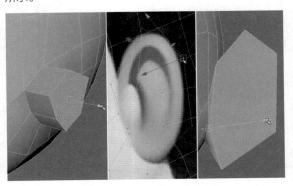

03 再次利用"挤出"工具制作耳朵，如图所示。

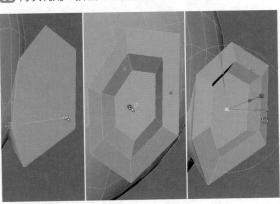

04 耳朵后面加线并调节，如图所示。

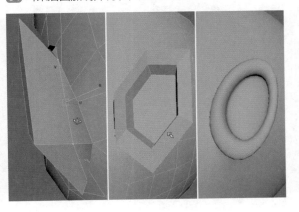

05 挤出耳朵，如图所示。

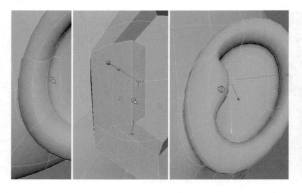

06 合并多余的点并整理调节，如图所示。

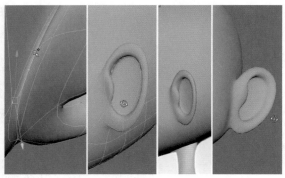

07 我们在制作过程中，时刻不要忘记调整和修改所发现的问题，各个角度都要检查调整，下图的两个部位根据需要作了相应的调节。

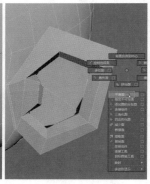

08 耳朵也增加了一次"平滑面"，调整后的效果如图所示。

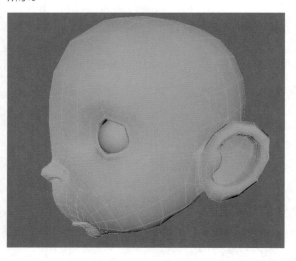

09 镜像出耳朵的另一半并进行"结合（Combine）"操作，如图所示。

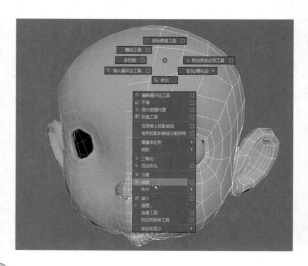

10 在物体上单击鼠标右键，执行"绘制>雕刻"命令，使用雕刻工具，将线、面刷匀，如图所示。

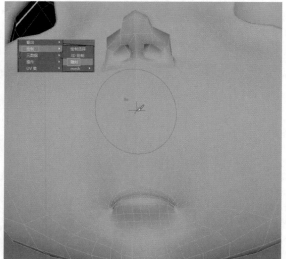

11 处理后的效果，如图所示。

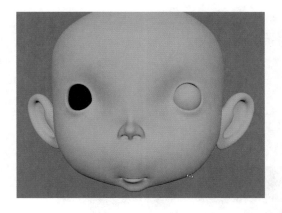

6.2.8 挤出脖子

01 选择脖子部位的边进行挤出操作，如图所示。

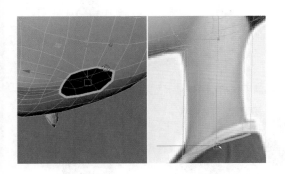

02 根据需要加环线并进行调节，如图所示。

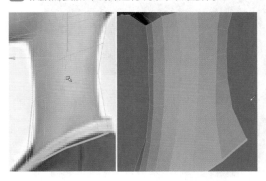

6.3 制作躯干和四肢

躯干和四肢的制作思路是先用立方体 "挤出"躯干大型、腿部大型、胳膊大型，然后再加线细化。下面是制作步骤。

1. 对位躯干上端

01 创建立方体盒子对位到躯干上端，如图所示。

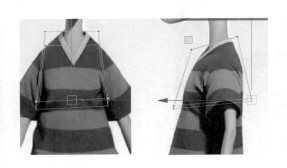

02 向下挤出面并竖向插入一条中线，然后删除左侧一半，如图所示。

2. 各部位调节对位

01 调高胯部点并对位，如图所示。

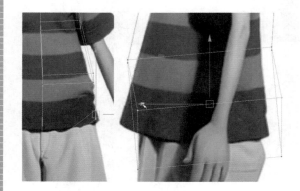

02 挤出腿部面，如图所示。

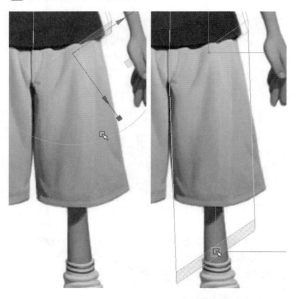

03 前、侧视图分别对位，如图所示。

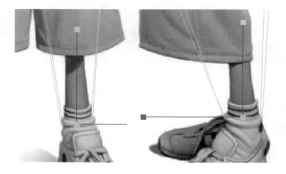

04 肩膀同样挤出并对位，如图所示。

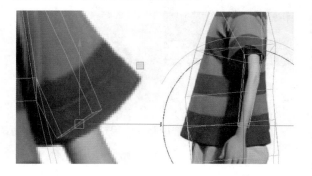

05 腿部加线对位，如图所示。

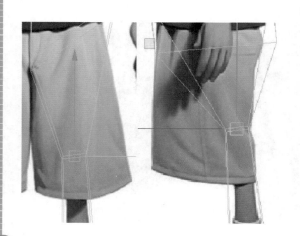

06 加线并调节对位的效果，如图所示。

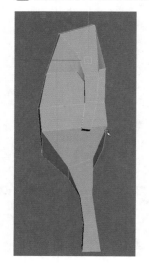

07 删除手腕、脚腕的面并整体添加"平滑"命令，如图所示。

08 各部位调节对位，效果如图所示。

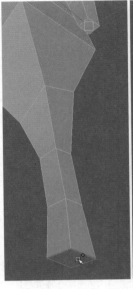
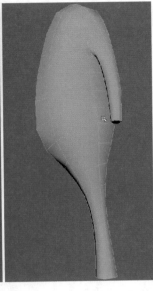

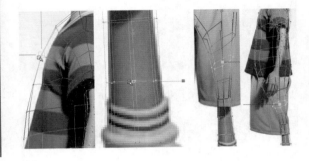

09 胸部加线并调节，如图所示。

10 胸部线调节，如图所示。

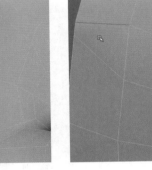

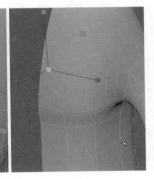

11 反复调节整理对位后的效果，如图所示。

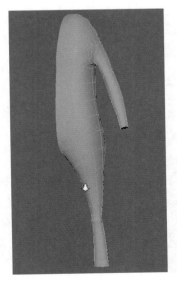

> **注意**
>
> 膝关节、肘关节等较复杂的部位，需要多次加线、调形操作，
> 大家在制作过程中根据实际情况操作。

3. 缝合头和脖子并调节处理

01 选择脖子部位面并删除，如图所示。

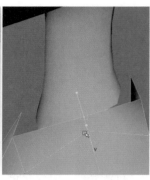

02 复制躯干模型并放入层面中，以备制作衣服，如图所示。

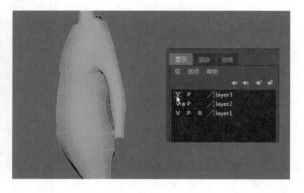

03 缝合头和脖子并调节处理，如图所示。

04 对各部位配合"软选择"工具进行调节对位，如图所示。

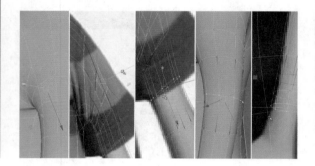

05 胯部加线、改线并调节，如图所示。

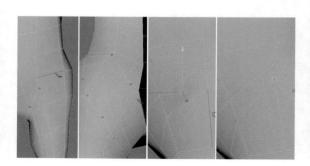

06 对躯干反复调节，如图所示。

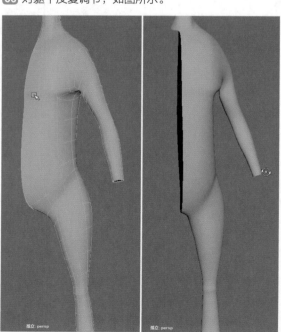

6.4 制作手掌

手掌模型的制作思路是用创建多边形工具在侧视图勾画出手掌大型，然后划分面、挤出厚度，挤出一根手指后进行其他手指的复制并对位缝合。下面介绍制作方法，具体步骤如下。

6.4.1 制作手掌

1. 勾画手掌大型

01 在侧视图用创建多边形工具，勾画出手掌大型，如图所示。

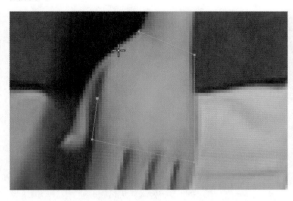

02 对模型进行切割面、加线操作，如图所示。

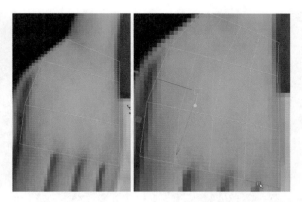

03 挤出厚度，依照手掌外形图调节模型的外形，如图所示。

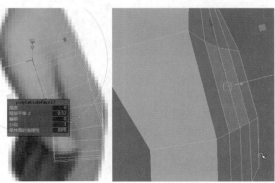

2. 处理手掌模型细节

01 删除大拇指、手指根部、腕部的面，如图所示。

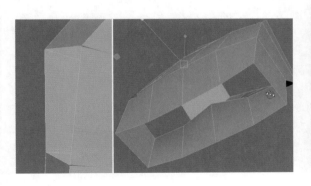

02 将小手指一侧调薄一些，如图所示。

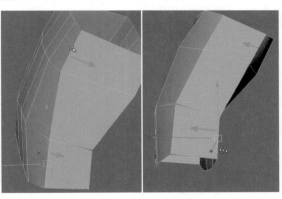

03 对模型施加"平滑"命令，如图所示。

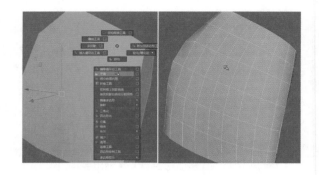

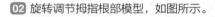

3. 调节手腕

01 调节手腕部分的形态，如图所示。

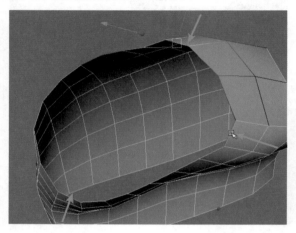

02 旋转调节拇指根部模型，如图所示。

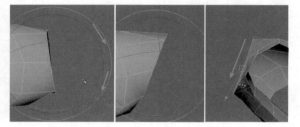

03 选择手指跟部位边，按 Shift+ 鼠标右键，先执行"填充洞（Fill Hole）"命令；再用"多切割（Multi-Cut）"工具将手指部位的模型连线，使每根手指根部为八个点，即四个小面；最后调节隆起的手背和凹陷的手心，如图所示。

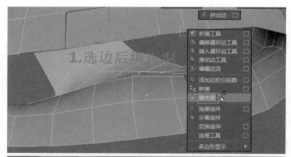

4. 挤出中指部位的面

01 选择中指部位的面进行挤出操作，如图所示。（注意：这个参考图有一定的透视，无法完全对准，所以在制作此类有些透视的模型对图时不要过于纠结）。

02 在手指关节处加线，注意第二关节自然弯曲的略大一些，如图所示。

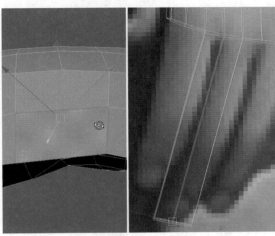

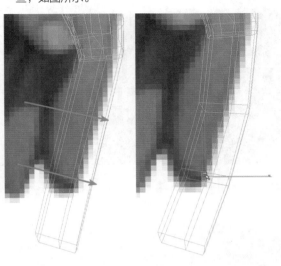

5. 创建柱状手指效果

01 把手指四棱上的点向内压，使手指为柱状，如图所示。

02 再次给手指加线并调节，如图所示。

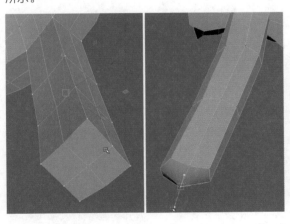

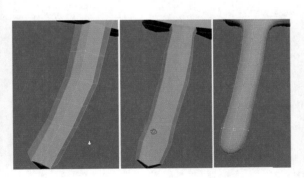

6. 制作指甲

01 选择指端的两个面向内挤出，如图所示。

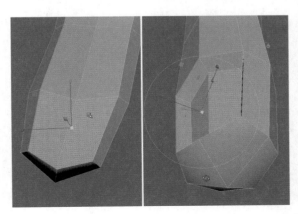

02 使用"提取面"工具，如图所示。

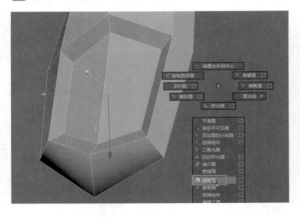

03 用提取出的面调节挤出厚度制作指甲，如图所示。

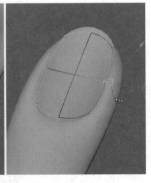

04 将手指的面进行"复制面"操作，再将指甲复制，并将二者"结合"成一个物体，如图所示。

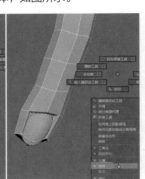

05 多次复制并对位到其他手指，如图所示。注意复制第一根手指后，将中心点放置在手指根部比较方便操作。

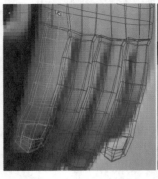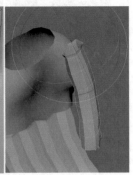

7. 将手指对好位置并缝合点

01 将各根手指对好位置之后在进行缝合点，如头部缝合一样，先就近合点，如图所示。

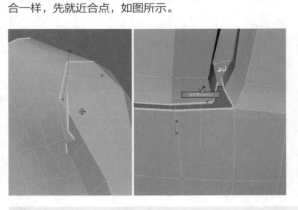

02 手部调节完成的效果，如图所示。

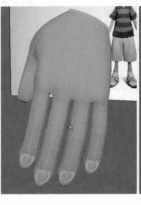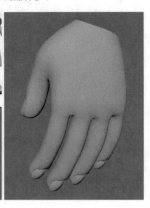

> **注意**
>
> 缝合和处理布线过程中，根据需要而加减线。另外要注意手掌的几个特点：大拇指粗短且根部肥厚；手背因年龄和男女，有不同程度的关节、血管和青筋的隆起，要据此有针对的表现；对于手指根部来说，手心面要比手背面大些，即指缝间是倾斜的；自然状态下手指和整个手掌是弯曲的。

6.4.2 缝合手掌

缝合手掌的时候要注意三点，一是手腕及胳膊的线比手掌的线要少很多，缝合后要把线精简在手掌上而不要延伸到胳膊上；二是腕关节、指关节皆要布置换线，以符合动画制作；三是腕关节的"凸起"表现，虽是卡通角色，也要有所表示，不然会僵、假、不自然。

01 在层面板打开身体的显示，如图所示。

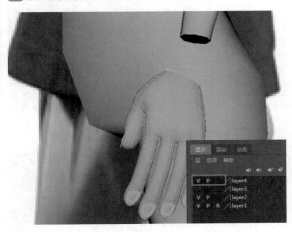

02 将手腕部位调节对位并挤出边以接近胳膊，效果如图所示。

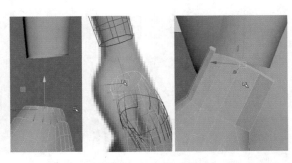

03 在各角度进行对位，如图所示。

04 将手臂（即身体模型）和手模型"结合"成一个物体后进行缝合点操作，如图所示。

05 缝合后进行精简线，如图所示。

06 腕部加线并用"雕刻工具"进行刷匀，如图所示。

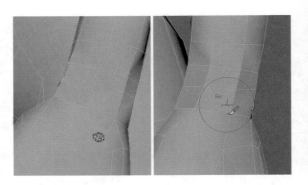

07 对腕关节进行调节处理，如图所示。

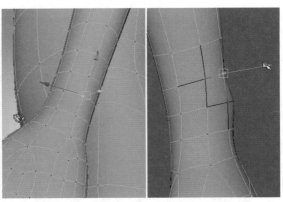

08 调节手掌各部位，如图所示。

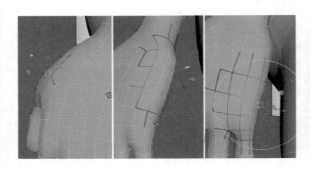

09 缝合并整理后的效果，如图所示。

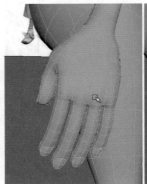
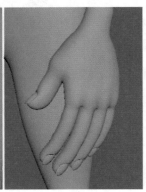

6.5 制作衣服

　　衣服的制作思路：一个是利用之前制作躯干大型时，复制并放入层面板备用的躯干大型来做；另一个是重新建立上衣和短裤的简模来制作衣服；再就是在现有身体模型上复制面以制作衣服，三种方法皆可。需要注意的是尽量以简模模型来做衣服，比较好调节，然后根据不同的布料、褶皱的多少来增加线数或者施加"平滑"命令。

　　制作衣服，重点在于褶皱的表现，不同的布料，因为宽窄紧松以及力的支撑不同而产生不同的褶皱，有长有短、有硬有软、有宽有窄、有深有浅；有穿插有循环，有起点有终点。这些都需要我们在平时多加观察，多做练习。

　　衣服褶皱在实现上不外乎两种，一种是较浅的褶皱，可以用三条线，压低或抬高中间的线即可；一种是较深且大的褶皱，可以用挤出环面来实现。

　　衣服上的褶皱一般会出现在凹陷处及有穿插处，比如腋窝处、裆部、膝关节后侧、脚脖子前侧；凸起的部位一般没有，比如肩外侧、臀部、膝关节前侧等。平常我们多多观察就会理解到这些特点。

6.5.1 制作衣服大型

1. 截短裤腿并调节裤腿对位

01 在层面板显示出之前存入的躯干大型模型，如图所示。

02 在点级别模式下，全选点，以点"法线"方式把躯干模型调大一些，如图所示。

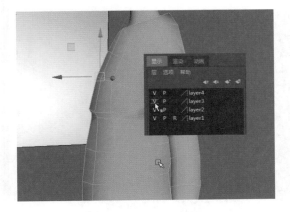

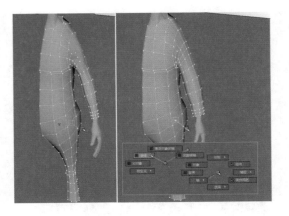

03 将躯干再次复制，一个做上衣，一个做短裤。做短裤部分的模型，只留下短裤部位的面，如图所示。

04 把裤腿截短并调节，与裤腿对位，如图所示。

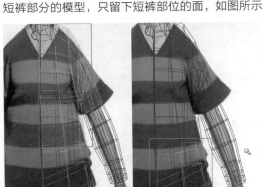

2. 调节衣服下摆、袖口和短裤外形

01 把上衣截短，如图所示。

02 调节衣服下摆，如图所示。

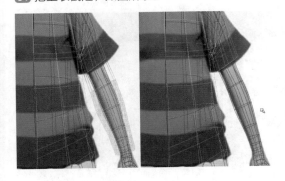

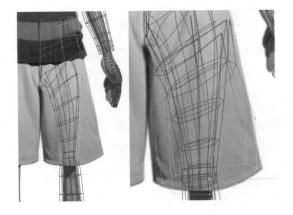

03 调节袖口，如图所示。

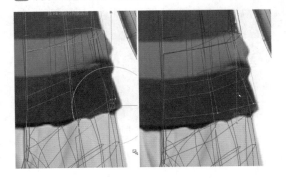

04 对脖子前后部位进行调节，如图所示。

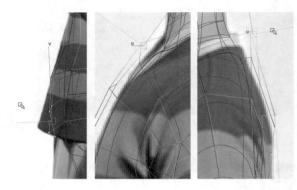

3. 对领口和腋下部位进行调节

01 以边形式挤出领口并调节对位，如图所示。

03 背后加线并进行调节，如图所示。

05 同样对短裤各部位进行调节，如图所示。

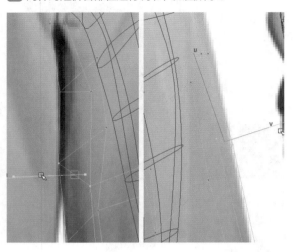

02 对腋下重点部位进行穿插关系的调节，如图所示。

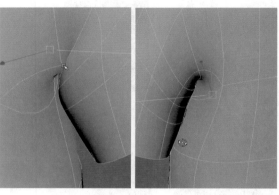

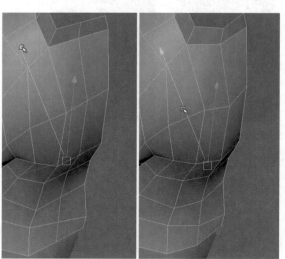

4. 对短裤和上衣进行调节对位

01 调整短裤下端，如图所示。

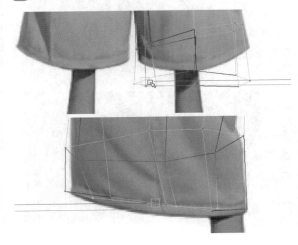

02 对短裤和上衣反复调节对位，并整理面的均匀与光滑度，如图所示。

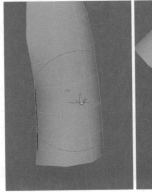 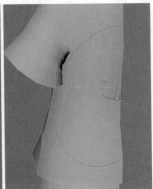

03 完成衣服的基本大型，如图所示。

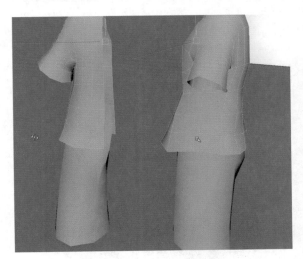

6.5.2 整理衣服大型

01 对短裤和上衣各部位反复调节对位，如图所示。

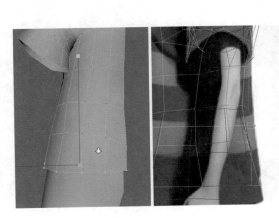

02 给领口部位插入循环边，如图所示。

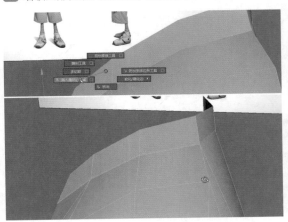

03 完成衣服的基本大型，镜像复制缝合后的效果如图所示。

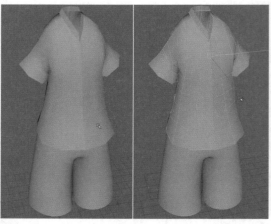

04 缝合后对后领口调节，如图所示。

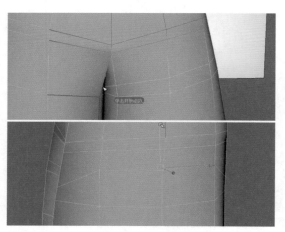

05 在衣服加细加褶皱前，需要对袖子进行调节，如图所示。

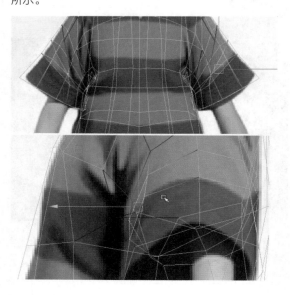

06 考虑到裆部有褶皱但线比较少，对短裤大腿根部位进行加线，如图所示。

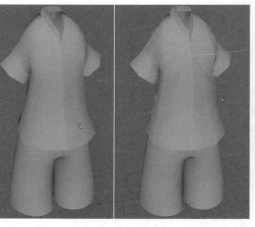

07 整理调节衣服和短裤的外形，如图所示。

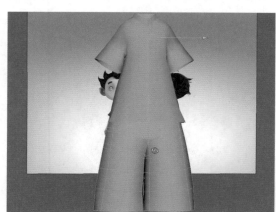

6.5.3 上衣加细

衣服的加细包括褶皱、缝线、中缝线和"握边"，制作时也是按这个顺序，先褶皱到最后"握边"。

1. 为上衣添加细节

01 先来给上衣添加细节，现阶段上衣线太少，给上衣施加"平滑"命令，增加线的数量，如图所示。

02 执行"切换背面消隐"命令，以方便观察，如图所示。

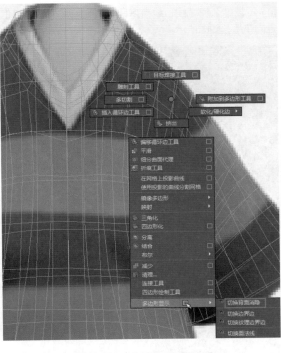

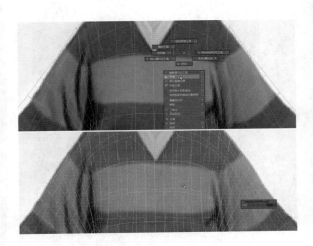

03 大致的褶皱规划，如图所示。注意参考图有一定的透视，没必要也不可能做到和图完全一样，只要褶皱做得自然合理即可。

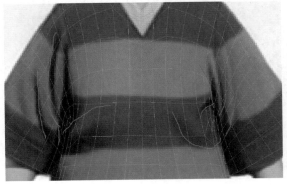

2. 创建上衣各部位的布线与褶皱

01 精简并整理领口的布线，如图所示。

02 用"多切割"工具，参考图上的褶皱进行切线，如图所示。

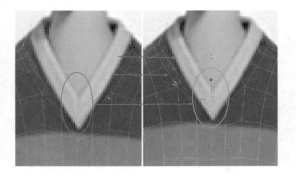

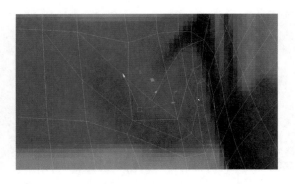

03 不管怎么加减线、线有多乱，我们始终有要褶皱的走向布局，如图所示。

04 胸下部位的褶皱效果，如图所示。

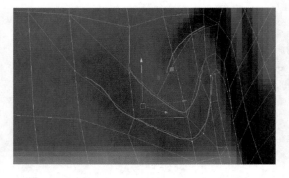

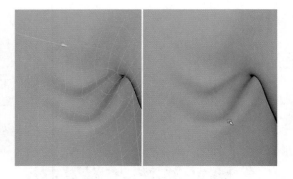

05 腋窝也同样进行布线处理，效果如图所示。

06 腰部的褶皱效果，如图所示。

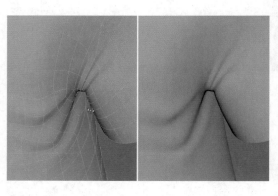

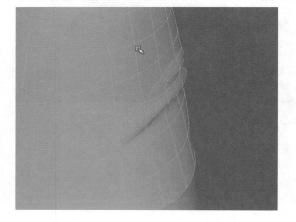

07 腋窝后侧褶皱的效果，如图所示。

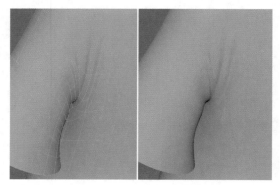

08 把做好的一侧上衣进行"镜像切割"操作，如图所示。

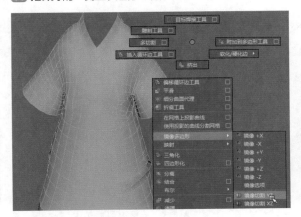

09 然后把各部位褶皱调整为不一样的形态，如图所示。

3. 整理领口、袖口及上衣下摆的边

01 衣服一般都是有中缝线的，即衣服侧面的一条竖向中线，虽然卡通的角色不必如此"到位"，但有了这条中线，会有利于后面UV的拆分。选一条中线，将不顺直的地方进行修改直至顺畅打通，如图所示。

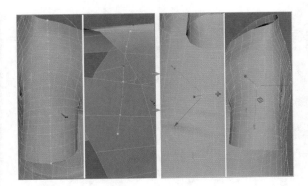

02 把各缝线用"倒角边"工具皆倒成三条线，并把中间线下压，效果如图所示。

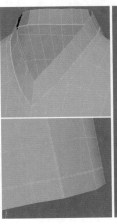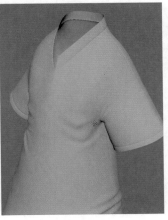

03 选择领口、袖口及上衣下摆的边进行挤出边两次，即进行常说的"握边"操作，如图所示。

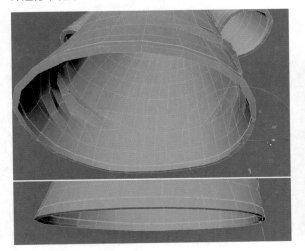

04 完成上衣的制作，效果如图所示。

6.5.4 增加短裤细节

短裤在细节上需要依照下肢和身体的大型进行调整，同时需要表现出布料的质感。

1. 调节短裤腰部的合身度

01 短裤褶皱的走向布局，如图所示。

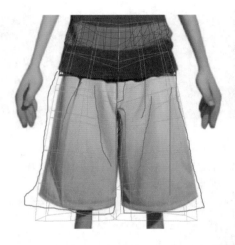

02 显示出身体模型，调节短裤腰部的合身度，如图所示。

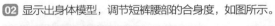
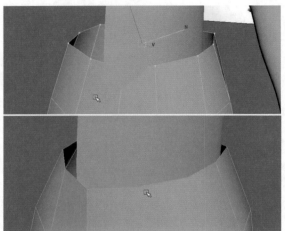

03 在短裤腰部插入环线，调整环线以贴合身体模型，如图所示。

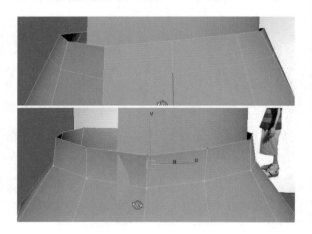

2. 短裤的褶皱布线

01 参照参考图，对裆部的褶皱进行布线整理，效果如图所示。

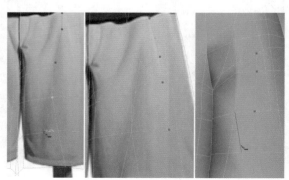

02 调整裤腿部位的褶皱布线，如图所示。

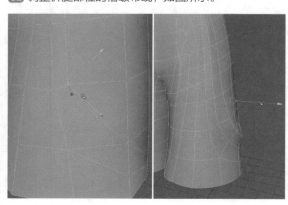

03 对短裤大腿根部的模型进行褶皱布线操作，如图所示。

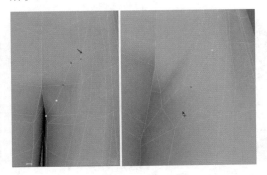

04 完成短裤一半的褶皱，如图所示。

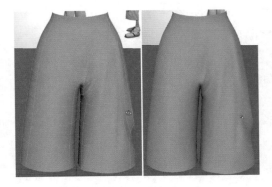

05 对短裤进行中缝线切割并处理布线，如图所示。

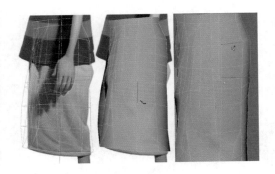

06 删除短裤的一半模型，如图所示。

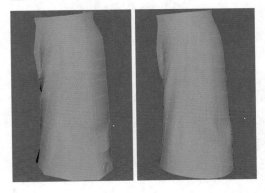

07 镜像出另一半模型，如图所示。

08 更改调节两侧裤腿为不同的褶皱，如图所示。

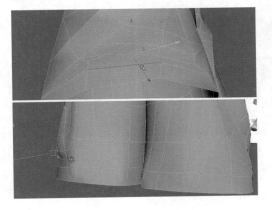

09 布线调节后，效果如图所示。

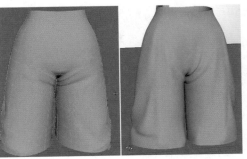

3. 短裤的细节调整和布线

01 将短裤所有缝线进行调节，如图所示。

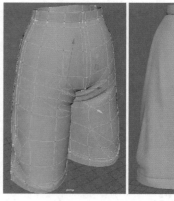

02 对短裤进行"握边"操作并整理调节，如图所示。

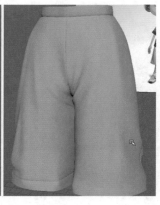

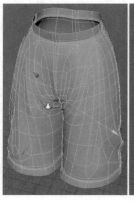

03 在层面板显示出身体模型，并进行穿插关系的调整，如图所示。

04 完成短裤的制作，如图所示。

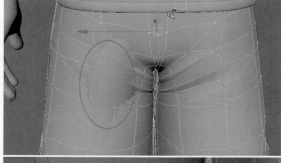

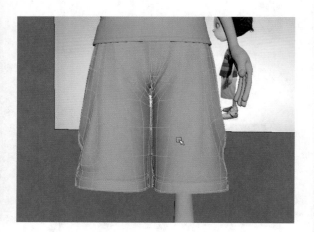

6.6 制作鞋子

　　鞋子的制作思路是这样的：先创建一个立体盒子，用于制作鞋子大型，在这个大形上复制出鞋底的面，再复制出系鞋带部位的"鞋盖儿"的面。褶皱线也是基于鞋子大型面上切出，·而后是扣眼、鞋带以及袜子。

6.6.1 鞋子大型制作

01 鞋子的各个部分制作规划，如图所示。

02 创建立方体并在侧、前视图对位，如图所示。

03 给立方体加线，在顶视图中，以鞋子的位置为参考，旋转一定的角度，如图所示。

04 以鞋子形状为参考，调整点的位置，如图所示。

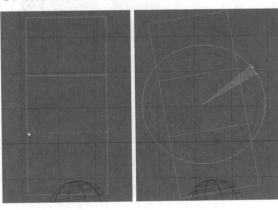

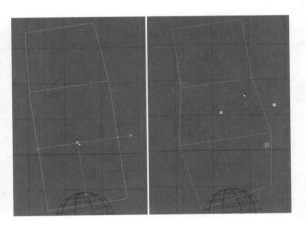

05 调节厚度，如图所示。

06 在大型下部插入一条环线，并调节小脚趾一侧使其变薄，如图所示。

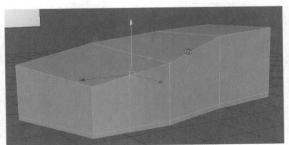

07 施加"平滑"命令，如图所示。

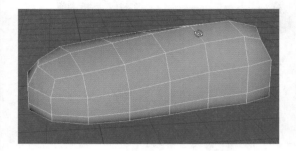

08 调节鞋头形状，如图所示。

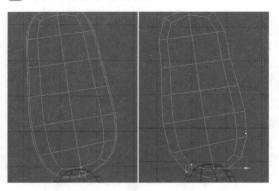

09 调节鞋口部位的面并挤出面，如图所示。

10 调节脚腕部位的面，如图所示。

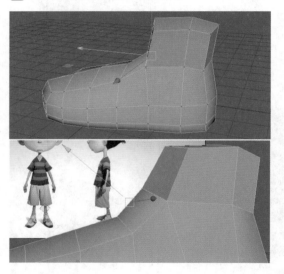

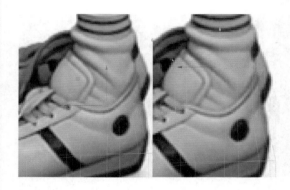

11 再次挤出面，如图所示。

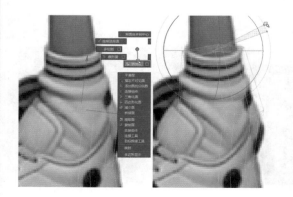

12 选择袜筒部位的面进行"提取面"操作，以备制作袜子模型，如图所示。

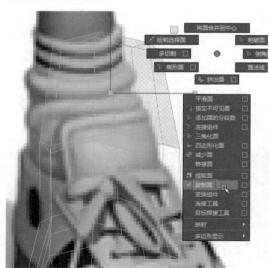

13 继续向下挤出边并进行调节，如图所示。

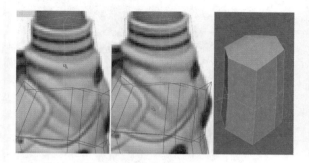

14 删除袜筒顶端的面并对袜筒进行调整，如图所示。

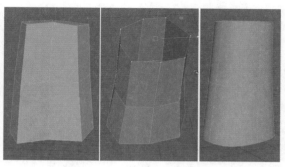

15 因为鞋底是上包鞋头的，如图所示。

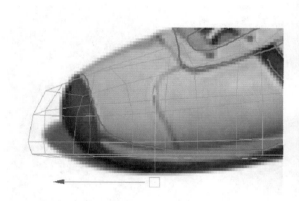

16 所以要先把鞋头进行修改，如图所示。

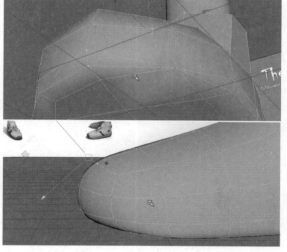

17 鞋底前薄后厚，进行调节，如图所示。

18 对鞋头进行改线，如图所示。

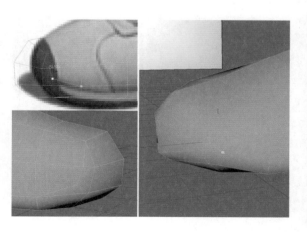

19 将调好大型的鞋子复制一个，并删除除鞋底以外的面，如图所示。

20 给鞋底模型添加一个材质，在鞋底模型上单击鼠标右键，执行"指定收藏材质>Lambert"命令，调节一个颜色以便区分观察，如图所示。

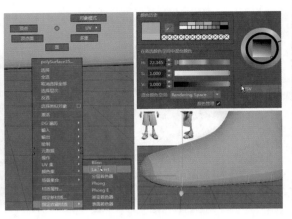

21 将鞋体与鞋底交界处的边进行倒角边，并调出褶皱效果，如图所示。

22 将鞋底进行"握边"操作，如图所示。

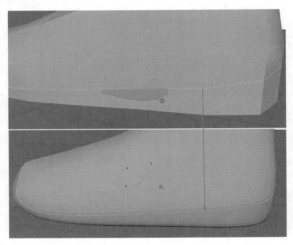
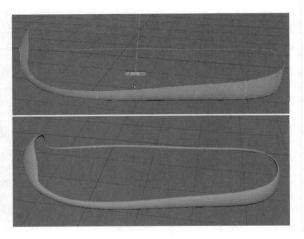

23 鞋底效果，如图所示。

24 将"鞋盖儿"部位的面进行复制，如图所示。

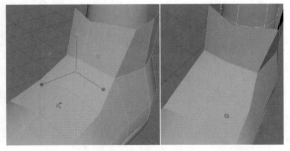

25 将"鞋盖儿"挤出厚度，如图所示。

26 再次挤出面三次，使它有相近的三条线，如图所示。

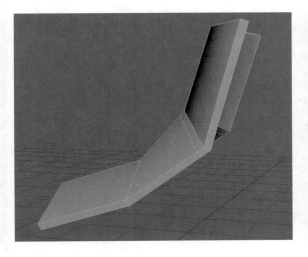

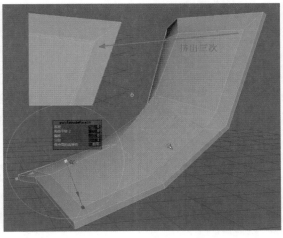

27 先选择四角上的边，施加"倒角（Bevel）"命令，再调节中间一条线上的点成为凹陷的褶缝效果，如图所示。

28 再次"复制面"来制作扣眼部位的结构，效果如图所示。

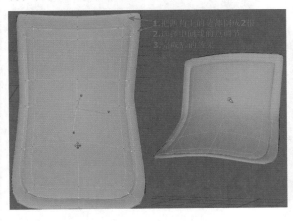

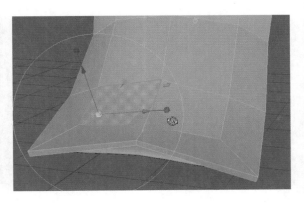

29 留下要用的面挤出厚度，如图所示。

30 制作出扣眼部位结构，如图所示。

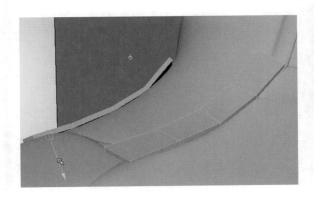

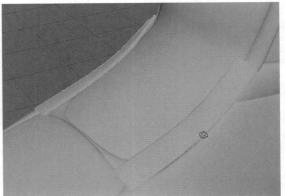

6.6.2 为鞋子添加细节

01 接下来再给鞋体添加细节，对接缝处的布线进行修改，如图所示。

02 切出（连线）接缝处的定型线之后，进行面的处理并调出褶缝，如图所示。

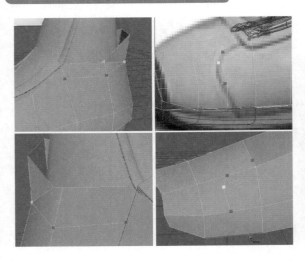

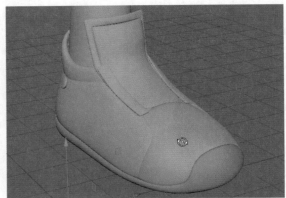

03 圆形装饰用创建的面片挤出厚度获得，如图所示。

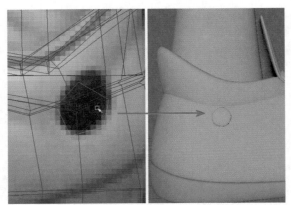

6.6.3 制作扣眼

01 扣眼儿用圆环来制作，线不要多，做好一个后复制、定位，摆出其它扣眼儿。创建圆环并修改线数，然后摆放位置，如图所示。

02 复制出其它扣眼儿并摆好位置，如图所示。

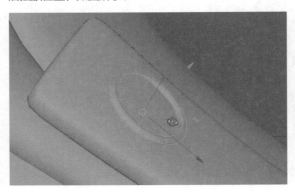

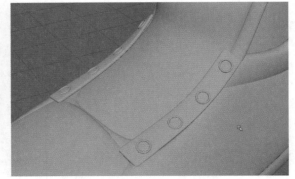

6.6.4 制作鞋带

鞋带制作的方法是沿线挤出面，首先需要创建一条曲线并调节好穿插，然后把一个面片沿着这条曲线进行挤出。这种方法的重点和难点在于穿过扣眼儿的调节，下面进行具体的演示介绍。

01 首先把鞋子各部位"结合"成一个整体，如图所示。

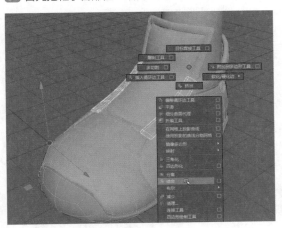

02 启用"磁铁"工具，如图所示。

03 用创建"CV曲线"工具在鞋面上"勾画"，如图所示。

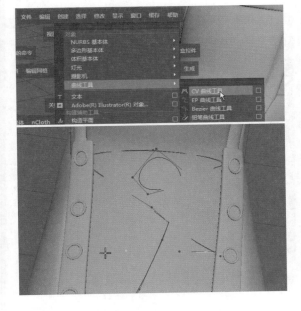

04 在什么也不选择的状态下，再次单击"磁铁"工具解除吸附命令，并调节边线的穿插关系，如图所示。

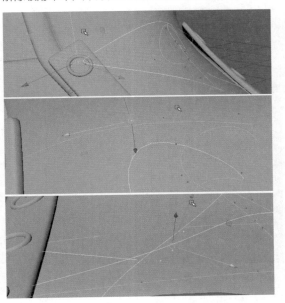

05 调节好的曲线，如图所示。

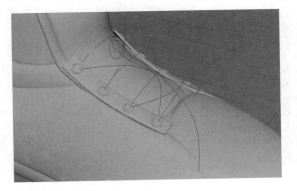

06 复制圆形装饰物体来获得一个圆形的面片，并放置在曲线的起始端，如图所示。

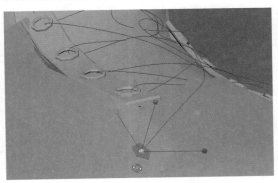

07 先选截面物体的面再选曲线，单击"编辑网格（Edit Mesh）>挤出（Extrude）"命令后面的小方块框，打开"挤出面选项"面板，设置"分段"数，单击"应用"按钮，如图所示。

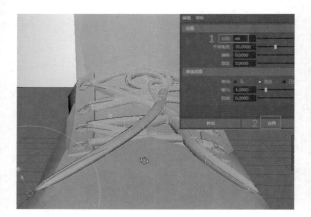

08 对鞋带部位进行细致的调节，尤其是扣眼儿转折处、系扣儿处，如图所示。

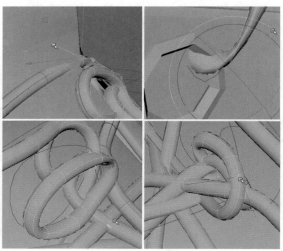

09 调节后的完成效果，如图所示。

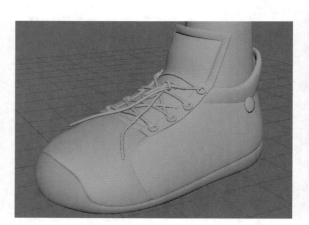

10 在后跟部位复制面制作商标，如图所示。

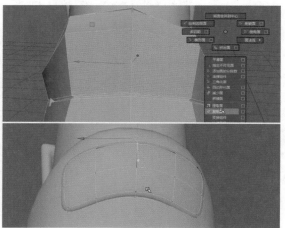

6.6.5 制作袜子

01 袜子部分只做能看到的部位，因为袜子上有些褶皱，所以先给袜子大型施加"平滑（Smooth）"命令，如图所示。

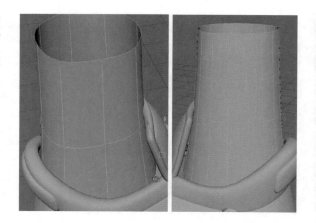

02 调整袜子与鞋子的穿插部分，以免露出穿帮，如图所示。

03 规划袜子的褶皱，如图所示。

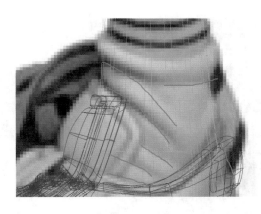

04 进行褶皱切线，如图所示。

05 与制作衣服褶皱一样，基本是三条线一个褶皱，布线、压褶、握边整理等这里不再赘述。完成后的效果如图所示。

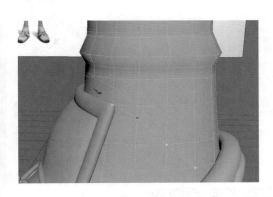

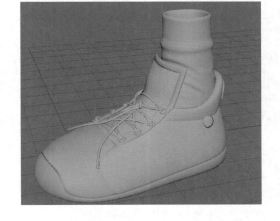

6.7 整理模型的整体穿插关系

01 在层面版显示出身体、衣服等各个部分，进行穿插关系的整理调节，如图所示。

02 整理后的效果，如图所示。

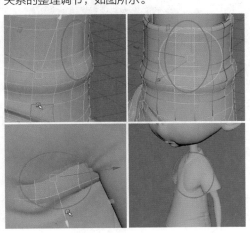

6.8 制作眉毛和头发

　　眉毛用面片挤出厚度即可。头发是先制作整体的头发，再制作分绺的头发。分绺的头发可以先做好一撮头发，其他的头发进行复制后修改即可。

6.8.1 制作眉毛

01 把头部（身体）模型施加"磁铁"工具后，直接用创建多边形工具"勾画"眉毛并挤出厚度即可，如图所示。

02 给眉毛卡边定型，效果如图所示。

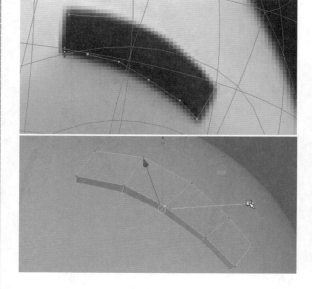

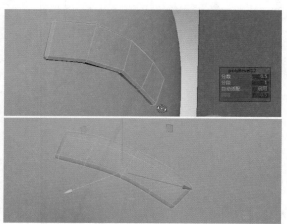

6.8.2 制作头发

01 制作头发之前先将头部进行调整对位，如图所示。

02 选择头部后侧面，执行"复制面（Duplicate Faces）"操作，以制作头发，如图所示。

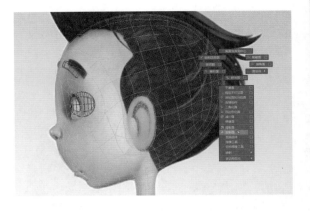

03 对头发大型各部位进行修改调整，如图所示。注意：我们在修改头发大型的布线时可以只修改一半，之后进行另一半的镜像会更快捷。

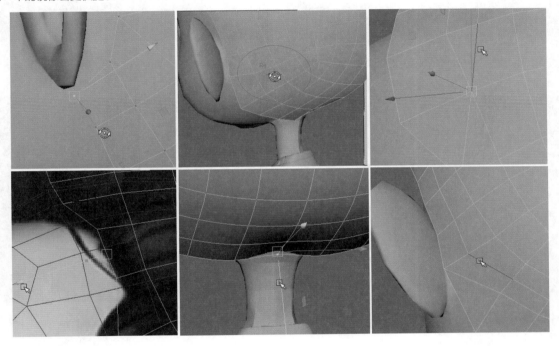

04 整理好头发大型后，选择所有边缘边进行挤出操作，如图所示。

05 为了使头发都聚向后脑勺，选择后侧环线内的面挤出并合成到一点上，如图所示。

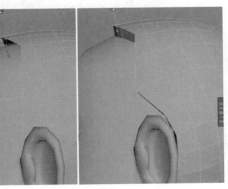

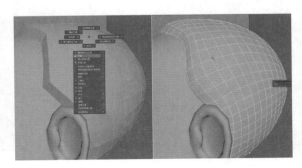

06 给头发大型随机加入环线以便做出发丝褶皱，注意加入的线之间的间隔尽量不均匀，以达到多变的效果，如图所示。

07 隔一条线选择一条线，按Ctrl+鼠标右键，执行"到点"（To Vertices）命令，转换到点模式，如图所示。

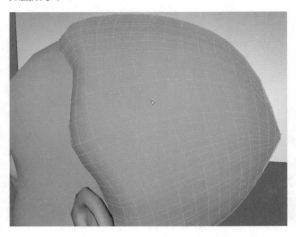

08 调出褶皱后的效果，如图所示。

09 选中头发上的长条面，进行"复制面（Duplicate Faces）"操作，如图所示。

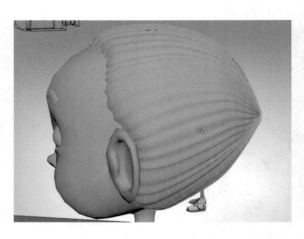

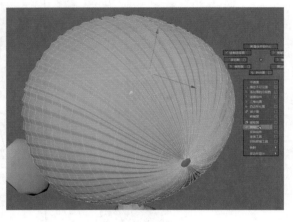

10 对复制出的一缕头发进行挤出边、加线挑褶操作，如图所示。

11 每缕头发中间要隆起得高些，如图所示。

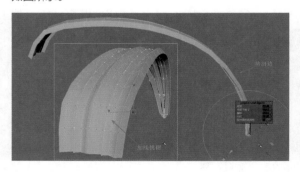

12 由于头发尖端不尖锐、不规整，选择头发尖端的点，按Shift+鼠标右键，执行"合并点>合并到中心（Merge Vertices > Merge Vertices to Center）"命令，合成一点，再用"多切割（Multi-Cut）"功能切上线并选点旋转成弯曲对位，如图所示。

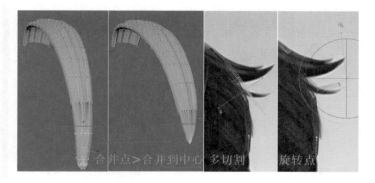

合并点＞合并到中心 多切割 旋转点

13 复制出其他头发并调节造型，如图所示。

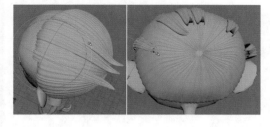

14 继续复制调节，如图所示。

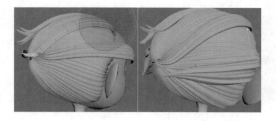

15 额头部位复制面调节后进行挤出操作，如图所示。

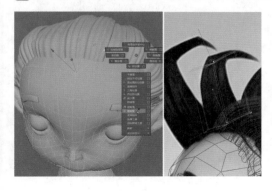

16 多次挤出制作头发、勒出发丝褶皱并调整对位，如图所示。

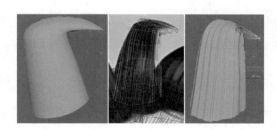

17 复制出其他头发并调节对位，如图所示。

18 鬓角部位与额头的发绺形状差距比较大,用同样方法再次制作,如图所示。

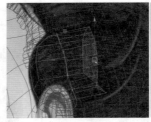

19 加线勒褶如图所示。

20 完成头发制作,效果如图所示。

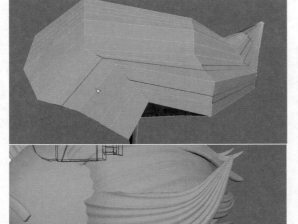

6.8.3 完成并整理文件

最后对全部文件进行整理:将同类型的模型结合成一个,如所有头发;检查面法线、冻结变化;清理大纲视图;删除历史;检查非法面;将模型放置于地平面之上。经过这些整理才算完成一个模型的制作。整理完成的效果如图所示。

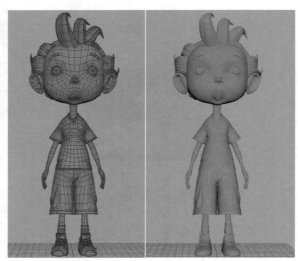

完美动力影视基地商业项目

完美动力教育成立"完美动力实训中心"，为学员提供"商业项目实习"学员可在完美动力制作公司体验真实的工作环境，参与商业项目制作，毕业后，相当于具有一年制作的工作经验！

014年奇侠3D再生《冰封侠》

2013年武侠网游巨作《天龙八部》——神兵海域

武侠经典巨作《神雕侠侣》

公司部分荣誉奖项

2008年奥运会《希腊火炬传递》

2011西安世界园艺博览会《梦想成真》

2010年上海世博会中国馆主展影片《历程》

2010年第16届广州亚运会视频

课程展示

就业方向：广告公司、影视后期公司、各类制造业、服务业等从事影视特效工作；制片厂、电视剧制作中心等各类事业单位从事影片特效、影片剪辑等工作；影视公司，电视台，动画制作公司从事二维动画，三维动画制作等工作；游戏公司、次时代游戏工作室等工作；

影视动画
专业 Animation

课程介绍：完全按照国际影视动画制作流程定制专业化的授课方案，完美动力多年来的商业案例作为授课方案。学习内容更具专业化，授课案例为相当高的电影级别，画面效果和复杂程度达到业内较高的高度，使学生充分掌握数字模型，虚拟现实及表演动画三大动画制作环节的全部精髓，亚运会，世博会等各类大型案例的深入实践，充分提高学生的手动能力与虚拟空间逻辑思维能力，以应付一流公司的用人要求。

影视后期
专业 Film and television post

就业方向：电视台，电影制作公司，广告公司，影视公司，杂志社，教育机构，出版社，网络媒体，相关院校及科研单位，创立个人工作室，栏目包装师，影像合成师，视频制作师，剪辑师等。

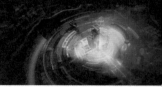

课程介绍：着重讲解电视包装，电视广告和动画短片等方面的专业知识，并按照国际标准流程进行高强度专业化训练。利用大量实用的案例讲解，达到活学活用的效果，在进阶到深入分析商业案例，进行实战综合能力的训练。学员可直接参与公司保密项目的制作，不仅可以亲身体验项目制作流程，更有机会与影视明星面对面，参与前期的拍摄工作，累计完整的商业项目制作经验。

就业方向：建筑动画设计专业毕业生可在影视动漫制作及电视传媒行业、广告传播等商业制作公司、游戏、网络动漫等互联网互动娱乐领域、房地产开发与销售等领域服务，从事动漫设计师、动画绘制员、三维动画人才、平面设计师等工作。

建筑动画
Architectural animation 专业

课程介绍：由浅入深讲述了建筑动画方面的专业知识，这其中讲解了从前期脚本创作，镜头预演，到场景细化，灯光渲染和后期制作的一整套流程。重点讲解了插件应用，scanline渲染和vray渲染，并进行各阶段流程的高强度专业化训练，利用典型实用的案例讲解一些专业知识，达到活学活用的效果。

UI设计
专业 User Interface

就业方向：UI界面设计师，移动产品UI设计师，UI/UE设计师/用户体验设计师/交互设计师，UI及用户交互设计师，平面广告设计师，淘宝美工，网页设计师，网页前端工程师，3G产品经理等。

课程介绍：UI设计课程主要采用实战与实际大型商业案例教学，将传统美术，平面设计，Web端设计，移动端UI设计完美集合。在移动端将主流的OS(操作系统)为线索详尽讲解iOS.Android,Windows Phone等不同终端设备，如手机界面，app界面，iPhone端，iPad端等等都有相关课程。学员毕业后可以直接对接实际项目制作与研发。

游戏美术 专业
Game Art

就业方向：动画公司，游戏公司，电视台，影视特效公司，广告公司，游戏场景原画设计师、游戏角色原画设计师、游戏UI设计师、游戏场景设计师、游戏海报设计师等岗位；

课程介绍：游戏美术专业，创建颠覆生活的人物形象和匪夷所思的故事情节。在这个游戏产业不断壮大的时代里，对于动漫，游戏人才的需要更将呈爆炸式增长，你敢迈出第一步，完美动力教育随时会为你打开这个朝阳产业大门。

游戏特效 专业
Game effects

就业方向：UDK游戏特效师；次时代网游特效师；Unity3D游戏特效师；次时代单机游戏特效师；2D手机特效师 3D手机特效师；2D网游特效师 3D网游特效师。

课程介绍：学习后期动画合成的技巧，如何将合成应用到游戏中，为动画添加更加绚丽的视觉效果。完整的动画特效制作流程讲解，是动画进阶者的必修课程。

原画设计 专业
original painting

就业方向：到游戏制作公司从事游戏场景原画设计师、游戏角色原画设计师、游戏场景设计师、游戏海报设计师等岗位；到动画制作公司从事原画师一职；从事概念设计师、插画设计师、也可以自己创建一个工作室。

课程介绍：系统学习CG产业链前端的原画课程，通过对原画设计中的角色，场景设定及气氛图绘制各模块的专业训练，使学员能够将正确的设计理念运用到原画行业的工作中。

栏目包装C4D 专业
Column packing

就业方向：在电视台、电影制作公司、广告公司、影视公司、教育机构、杂志社、出版社、网络媒体、相关院校及科研单位、创立个人工作室，任栏目包装师、影像合成师、视频制作师、剪辑师等。

课程介绍：本课程根据国内一线视频设计公司，工作流程制定的专业化课程。以近期电视媒体或者网络媒体播出的商业案例，作为课程案例。学习内容更加专业，商业化。

Unity 3D程序开发专业
original painting

就业方向：各大动画公司，游戏公司。程序开发；测试。教育研究项目；可视化及虚拟现实。

课程介绍：完美动力就业部拜访各合作游戏企业，常年与游戏开发总监保持同步沟通，掌握最新用人企业需求"风向标"，我们的勤奋与坚持，造就最实用、含金量超高、易快速掌握的Unity 3D工程师就业课程。

昔日学员 今日总监

汪壮 •华语大业 创始人 •电影《太极》《1935》特效导演
•冯小刚导演电影《一九四二》特效导演

王永明 •央视春节联欢晚会 •戏曲频道戏曲春晚
•百姓颂神州音乐电影 •鼓鸣盛世音乐电影…

就业企业合作

完美动力教育独有的就业保障体系，针对学员需求进行"量体裁衣"式的职业规划。成立至今，建立了数千家CG企业数据库，每年组织多次大型招聘会，让学员和企业进入"Face to Face"的直接就业模式。依托央视，中视完美动力影视基地，为央视和地方电视台培养了大批行业人才，学员有机会到央视企业实习，优秀学员可以留用央视，也让学员拥有更高的职业平台，更广阔的发展空间。同时，完美动力集团制作业务发展迅猛，多家自公司人才需求量很大，会优先录用完美动力教育毕业的学员。

完美动力 中国动漫游戏影视高端教育品牌 持本书到完美动力报名，可免500元学费